두피 관리학

SCALP CARE

두피관리학

SCALP CARE

초판인쇄 | 2020년 1월 2일
초판발행 | 2020년 1월 10일

지 은 이 | 노혜란, 주금예, 이계숙
발 행 인 | 조규백
발 행 처 | 도서출판 구민사
(07293) 서울특별시 영등포구 문래북로 116, 604호(문래동3가 46, 트리플렉스)
전 화 | (02) 701-7421(~2)
팩 스 | (02) 3273-6942
홈페이지 | www.kuhminsa.co.kr
신고번호 | 제 2012-000055호(1980년 2월 4일)
I S B N | 979-11-5813-734-2 (93510)
정 가 | 20,000원

두피관리학

SCALP CARE

노혜란 · 주금예 · 이계숙

구민사

Preface

최근 뷰티산업의 성장과 발달이 급속도로 이루어지고 있으며, 미용분야에서는 헤어, 피부, 메이크업, 네일 등 다양한 산업 외에도 두피 분야가 각광을 받고 있습니다.

특히 문제성 두피 고객과 탈모환자의 증가세가 눈에 띄게 높아지고 있습니다. 지난해 탈모환자 16만 5,000명 중 8만여 명이 여성 환자로 2001년부터 2008년까지 남성 탈모 환자가 49% 늘어 8만 4,000여 명인데 반해, 여성 탈모 환자는 4만 6,000여 명에서 8만여 명으로 73% 이상 늘어나 여성 탈모의 증가세가 더욱 두드러졌습니다.(국민건강보험공단 건강보험 정책연구원에서 발췌)

여성을 포함한 탈모 환자수가 급격히 늘어나며 두피 관련 제품의 성장세가 괄목할 만한 수준에 이르고 있으며, 두피제품에 대한 대중적인 인지도가 높아짐에 따라 탈모를 예방하는 차원에서의 제품 판매가 일반화되고 두피와 탈모를 전문적으로 관리해주는 전문샵이 늘어나고 있습니다.

이 책에서는 두피의 기초지식, 영양학, 두피와 탈모타입, 두피테라피, 두피관리기기학, 두피 및 모발 화장품, 두피관리 방법 및 탈모관리 방법 등 두피관리 전문가가 갖추어야 할 기초지식부터 전문지식을 다루었으며 일반 두피관리실, 미용실, 병원 내 두피관리실 등에 필요한 트리트먼트 영역까지 다루었습니다. 또한 전문 두피관리사가 되기 위한 첫걸음에서부터 전문가로 나아가기까지 필요한 내용을 담았습니다.

끝으로 이 책이 출간되기까지 도와주신 저자 분들과 이 책의 출판을 위해 적극적으로 후원해 주신 도서출판 구민사 조규백 대표님과 직원 여러분께 감사드립니다.

저자 일동

Contents

PART 01 이론편

PART 02 실기편

PART 01

이론편

01

CHAPTER 01

두피 모발 관리학

1. 두피생리학

1) 두피의 정의

① 두피는 두부 표면을 둘러싸며 두부 내부를 보호하고 있는 피부조직이다.

② 두피는 피부의 일부분으로 비슷한 구조를 가지고 있으나, 특징적으로 다른 부분의 모낭보다 복잡하고 피지선이 많으며, 신체를 감싸는 다른 외피보다 혈관과 모낭이 많이 분포되어 있다.

③ 진피층에는 모세혈관이 분포되어 있어 두부의 외상에 의해 출혈이 발생하며, 조밀한 신경분포를 통해 머리카락을 통한 감각을 느낄 수 있게 한다.

2) 두피의 구조

두피는 동맥, 정맥, 신경들이 분포한 외피와 두개골을 둘러싼 근육과 연결된 신경조직인 두개피, 얇고 지방층이 없고 이완된 두개피하조직으로 이루어진 세 개의 층으로 구성된다.

(1) 외피(표피와 진피)

후두부는 매우 두껍지만 그 밖의 부분에서는 매우 얇다. 피부 하층부는 진피의 심층부와 두개피하골막의 표면을 덮고 있으며 신경섬유로 연결되어 있는 세포조직으로 구성되어 있다. 세포조직의 심층부에는 림프관과 두피의 신경분포와 혈관분포를 확실하게 하는 동맥, 정맥, 신경의 가지가 분포되어 있다.

(2) 두개피

두개골을 둘러싸고 있는 근육과 연결되어 있는 신경조직(건막)이다. 탄력성이 없으며 외피와 함께 임의의 상처로부터 두개골을 보호한다.

(3) 두개피하조직

지방이 없으며 얇고 이완된 층으로 쉽게 갈라지고 나이가 들수록 더욱 이완된다.

3) 두피의 기능

(1) 보호 기능

멜라닌 색소와 표피는 광선으로부터 두피를 보호하고, 두피가 건조되지 않도록 하며, 표면이 산성막으로 되어 있어 외부 감염과 미생물의 침입으로부터 두피를 보호한다.

두피의 각질층, 피하조직, 결합조직으로 인해 외부 마찰에 대응하고 외부 환경으로부터 두피 내부를 보호하는 역할을 한다.

(2) 호흡 기능

인체의 1~3% 정도는 폐가 아닌 피부를 통한 호흡을 하게 된다. 두피에 각질이나 노폐물이 쌓이면 두피의 모공을 막아 피부의 호흡을 저해할 수 있다.

(3) 분비와 배설 기능

피지선에서는 피지를 분비하여 수분 증발과 세균에 대한 감염으로부터 막아주는 역할을 하며 한선에서는 땀을 배출하여 체온 조절을 한다.

(4) 체온 유지 기능

입모근의 수축과 이완 작용을 통해 모공을 개폐하여 체온을 유지하고, 모세혈관의 혈류량을 조절하여 체온을 조절한다.

(5) 비타민 D 생성 기능

자외선을 받으면 프로비타민 D가 비타민 D로 전환되어 몸 안에 흡수된다. 흡수된 비타민 D는 칼슘의 흡수를 촉진시켜 뼈의 형성에 관여한다.

2. 모발생리학

1) 모발의 정의

모발은 머리카락을 포함한 전신에 있는 모든 털로 케라틴이 주성분인 피부의 부속기관이다.

2) 모발의 발생

(1) 모낭의 성장

태아기 모낭은 몸 전체로 볼 때는 머리에서 발끝의 방향으로 이루어진다.

콧수염, 눈썹과 턱의 모낭은 임신 9주 초 태아의 표피에서 자라기 시작하며 이와는 다르게 머리와 몸통, 팔, 다리의 모낭은 대략 임신 22주 정도까지 성장하게 된다.

이처럼 모낭세포는 몸 전체에서 동시에 자라는 것은 아니다. 어떤 부분의 모낭에서는 털이 자라는 반면 다른 부분은 아직 모낭의 성장 초기 단계일 수도 있다.

(2) 모낭 형성기

모낭 형성이란 모낭이 생성되거나 성장하는 것을 말한다. 모낭은 모발 성장을 위한 기본 단위이다.

모낭은 모낭 덩어리에서 자라나게 되는데 한 덩어리는 2~5개의 모낭으로 이루어져 있다. 모낭은 피부층으로 뚫고 들어가 단단한 세포기둥을 형성하며 다섯 단계를 통해 성장한다.

① 전모아기

- 태아에서 초기 모낭 성장기를 말하며 이 단계 동안에는 상피세포의 덩어리가 피부 표면에서 형성된다.
- 이러한 세포 덩어리는 결합조직 형성세포 바로 위에 형성된다.

② 모아기

- 배세포기 동안 초기 배세포들은 표피에서 피부의 아래층인 진피로 성장하기 시작한다.

③ 모항기

- 모항기 동안 상피 세포는 아래로 향하는 단단한 기둥을 형성하면서 성숙하는 진피를 뚫고 자라게 된다.
- 결합조직 형성세포는 자라나는 상피세포 기둥 앞쪽에 남아 있고 후에 섬유근초와 모유두를 형성하게 된다.

④ 모구성 모항기

- 구상기에는 모낭 기둥이 세포 분열을 일으키면서 계속하여 아래쪽으로 성장한다.
- 가장 아래쪽 부분은 원시적인 모유두를 감싸는 오목한 부분을 가진 모구로 발전하게 된다.
- 모낭의 인접 부분은 모기질을 가지고 있으며 이는 후에 모간과 내부근초를 형성하게 된다.
- 두 개의 상피세포의 싹은 모낭의 뒷부분에서 나타나게 된다. 피부 표면과 가까운 하나는 피지선이 되며 좀 더 아래쪽에 있는 불룩한 주머니는 입모근이 생성될 자리가 된다.

⑤ 완성 모낭

- 성숙하고 있는 구모양의 모근은 내, 외부근초와 모간으로 분화한다. 모낭은 아래쪽으로 계속 자라 진피 속으로 들어가 모낭 형성을 마친다.
- 이 기간이 지나면 새로운 털을 형성하기 위해 위쪽으로 성장한다. 새롭게 형성된 모간은 피부가 생기기 전에 형성된 통로를 통과하게 된다.

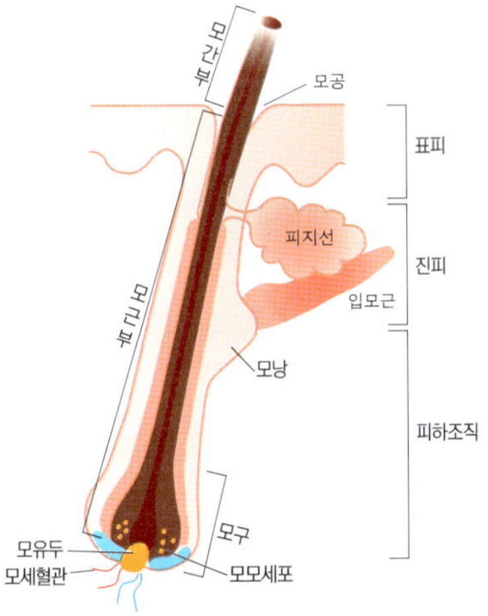

3) 모발의 구조

모발은 피부 속에 있는 모근과 우리 눈으로 볼 수 있고 만질 수 있는 피부 밖의 모간으로 이루어져 있다.

(1) 모근부

① 모낭

- 종 혹은 전구 모양의 주머니와 같은 구조로 피지선과 입모근이 부착되어 있으며, 이곳에서부터 털의 성장이 이루어진다.
- 모낭은 몸 전체에 걸쳐 분포되어 있으며 손바닥, 발바닥에는 존재하지 않는다.
- 일반적으로 하나의 모낭에 하나의 모발이 달려 있으나 3개의 모발이 달려 있는 경우도 있다. 이것은 모발의 밀도(숱)에 영향을 미친다.

② 모구

- 모근의 가장 밑바닥에 있으며 모유두와 접해 있어 속이 빈 오목한 모양을 하고 있다.
- 모발이 생장하는 장소로 모모세포와 멜라닌세포로 구성된다.

③ 모유두

- 모유두는 진피돌기로 유두모양이며, 모구의 바깥쪽에 위치한다.
- 모유두는 움푹 들어간 모구와 맞물려 있고 많은 모세혈관이 존재하여 모모세포에 모발 성장에 필요한 산소와 영양공급이 이루어진다.
- 모유두는 모세혈관과 신경이 연결되어 있다.

④ 모모세포

- 모모세포는 모유두를 덮고 있는 세포층으로 끊임없는 세포분열로 모발생장에 매우 중요한 역할을 한다.
- 여기에서 모표피, 모수질, 모수질로 분류되어 생장하게 된다.

⑤ 내·외모근초

- 모근을 감싸고 있는 모낭과 모표피층 사이에 존재하는 세포층으로 내모근초는 다시 외측으로부터 헨레층, 헉슬리층, 초소피층으로 구분된다.
- 새롭게 만들어지진 모발이 완전히 각화되어 밖으로 나오게 되면 이들 세포층도 비듬이 되어 소멸한다.

⑥ 피지선

- 모낭벽에 붙어 있는 기름샘으로 피지를 분비하여 모발에 윤기와 유연성을 주고, 피부 표면을 부드럽고 매끈하게 한다.
- 피지선운 손바닥, 발바닥, 입술에는 존재하지 않는다.

⑦ 입모근

- 모낭에 붙어 있으며 의지와 상관없이 운동하는 근육이다.
- 입모근은 표피 근처까지 연결되어 있으며 추위나 공포 시에 자율적으로 수축하여 털을 세우고 피부에 소름을 돋게 하는 역할을 하여 털세움근이라고도 한다.

⑧ 색소세포

- 모발의 색을 결정짓는 멜라닌 색소를 만들어내는 색소형성세포이다.

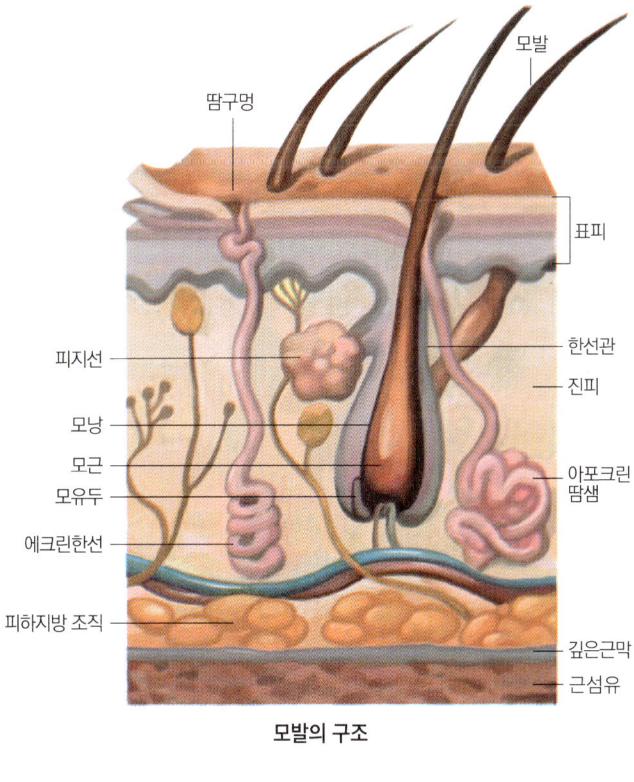

모발의 구조

(2) 모간부

① 모표피(모소피, Cuticle)

- 가장 바깥쪽으로부터 에피큐티클(epicuticle), 엑소큐티클(exocuticle), 엔도큐티클(endocuticle)의 3층으로 이루어져 있다.
- 3층의 얇은 막은 서로 겹쳐져 기왓장 모양을 하고 있다.
- 멜라닌 색소가 없어 투명하여, 모발의 약 15%를 차지한다.
- 발수성이고 친유성으로 모발을 보호하는 기능을 가진다.
- 물리적인 마찰에 약하다.

〈표 1-1〉 모표피의 구조와 기능

명 칭	구조와 기능
에피큐티클 (epicuticle)	30% 이상의 높은 시스틴을 함유하고 있어 약품에 대한 저항이 가장 강한 층으로 딱딱하기 때문에 물리적인 작용에 약하다.
엑소큐티클 (exocuticle)	시스틴 함량이 많으나 펌제와 같은 시스틴 결합을 끊는 약품에는 약하다. 단백질 용해성 약품에 대한 저항성이 강하다.
엔도큐티클 (endocuticle)	시스틴 함량이 적고 단백질 용해성 약품에 약하다. 모발을 잡아당기면 엔도큐티클이 갈라지거나 파열된다.

② 모피질(Cortex)

- 모표피와 모수질 사이에 존재하며 모발의 85~90%를 차지한다.
- 피질세포와 피질세포 사이사이를 채우고 있는 간충물질로 구성된다.
- 이 간충물질이 유실되면 건조한 모발이나 다공성 모발이 되기 쉽다.
- 멜라닌 색소를 함유하고 있어 모발의 색을 좌우한다.
- 친수성이며 펌제나 염모제 등 화약약품의 작용을 받기 쉬운 부분이다.

간충물질 CMC(세포막 복합체)의 구성과 기능

① 모발 전체의 50%를 차지하며 시스틴 아미노산의 함유량이 많다.
② 간충물질의 성분은 C-케라틴, 폴리펩타이드, 천연 보습인자 등으로 구성된다.
③ 접착제 역할, 즉 모발 내에서 시멘트 역할을 한다. CMC가 없다면 각 층이 분리되어 모발이 부스러진다.
④ 모표피와 모표피, 모표피와 모피질, 모피질과 모피질 등에 존재하는 유동체로 모발을 유연하게 하며, 외부로부터 이물질 침입에 의한 모발 손상을 막아준다.

③ 모수질(Medulla)

- 모발의 중심부에 있으며, 크고 작은 공포가 있어 속이 빈 벌집모양의 세포들이 모발의 길이 방향으로 쌓여 있다.
- 소량의 멜라닌 색소가 존재한다.
- 모수질은 모발직경이 굵은 모발에 있고 가는 모발, 연모에는 존재하지 않는다.
- 동물의 경우 모수질층이 두꺼워 보온 기능을 갖는다.

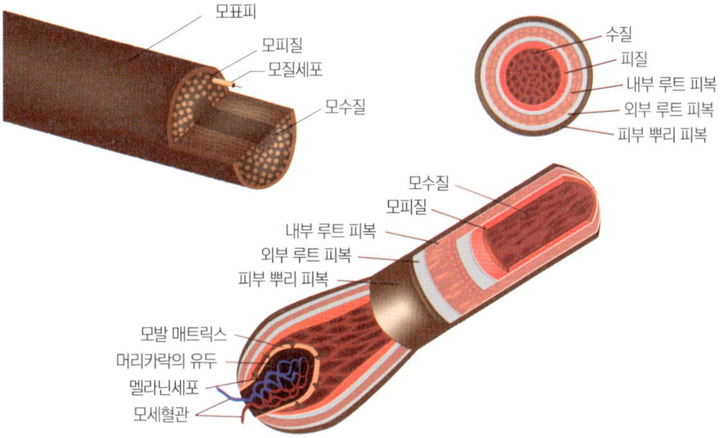

모발의 미세 구조

4) 모발의 기능

(1) 보호 기능

피부의 자극으로부터 피부를 보호하며, 이물질의 체내 침투를 막아준다.

(2) 배출 기능

체내 중금속과 피지선에서 분비된 피지의 분비를 돕는다.

(3) 감각 기능

모발 자체에는 신경이 없지만 모근에 연결된 신경이 외부 자극을 감지하여 반응한다.

(4) 장식 기능

수염이나 헤어스타일을 가다듬어 아름다움을 표현하고, 경우에 따라 신분이나 계급, 부유함을 나타내기도 한다.

5) 모발의 종류

(1) 모발의 굵기에 따른 종류

① 경모

0.15~0.20㎜ 정도로 굵고 길며, 머리카락, 눈썹, 속눈썹, 수염, 겨드랑이를 구성하는 털이다.

② 연모

0.08㎜ 이하 굵기의 솜털 같은 털로 손바닥, 발바닥, 입술을 제외한 피부의 대부분을 덮고 있는 섬세한 털이다.

③ 취모

배냇머리라고도 하며 태아에 존재하는 섬세하고 부드러운 엷은 색의 털로서 출생 무렵 탈락되고 연모로 대치된다.

(2) 모발의 형태에 따른 분류

① 직모(Straight hair)

모경지수가 75~85 정도로 모발의 단면이 원형에 가깝고 모낭의 모양도 곧다. 동양인에게 많은 형태이다.

② 파상모(Wavy hair)

모발의 단면이 타원형에 가까우며 모낭이 피부 표면으로부터 비스듬히 누워 있다. 백인종에게서 많이 볼 수 있다.

③ 축모(Curly hair)

모경지수가 50 정도로 모발의 단면이 납작하며 모낭이 피부표면으로부터 굽어져 있다. 강한 곱슬머리로 흑인종에게서 많이 볼 수 있다.

모경지수란?

① 무발 횡단면의 최소직경을 최대직경으로 나눈 값에 100을 곱한 것
② 모경지수가 100이면 원형에 가깝고 100에서 멀어질수록 타원형이 된다.
③ 모경지수가 클수록 직모에 가깝고, 작을수록 축모에 가깝다.

$$\text{모경지수} = \frac{\text{모발의 최소직경}}{\text{모발의 최대직경}} \times 100$$

6) 모발의 구성 성분

① 모발은 탄소(45.2%), 산소(27.9%), 질소(15.1%), 수소(6.6%), 황(5.2%) 등의 원소로 케라틴을 이루고 있다.

② 이외에 수분 10~15%, 지질 1~8%, 멜라닌 색소 3% 이하, 미량원소 0.6~1.0%로 이루어져 있다.

(1) 단백질과 아미노산

① 모발의 80~90%는 케라틴 단백질로 50여 개 이상의 아미노산이 모여서 단백질을 구성한다.

② 케라틴은 물리적인 강도가 강하고 탄력이 있을 뿐만 아니라 화학약품에 대한 저항력도 강한 편이다.

③ 모발은 18종의 아미노산으로 구성되어 있으며 특히 시스틴을 많이 함유하고 있다.

④ 피부는 콜라겐 단백질, 모발과 손·발톱, 피부각질 등 케라틴 단백질로 이루어져 서로 다른 단백질 구조를 가지고 있다.

(2) 시스틴 아미노산

시스틴은 모발 중에 함유된 아미노산 중에서 가장 많은 비율인 16%를 차지한다.

7) 모발의 성장주기

인체의 전신에는 약 100만 개 이상의 털이 존재하며, 털의 위치(눈썹, 체모, 모발 등)에 따라 성장에 차이가 있다. 이 중에서 머리카락은 10만 개 정도이며 일정한 기간 성장을 하다 잠시 동안 멈춘 뒤 빠지게 되는데 이것을 모발의 성장주기라 하며 일생동안 23~25회 반복한다.

(1) 발생기

모모세포가 세포분열을 시작하여 새로운 모발을 발생시키는 시기이다.

(2) 성장기

모발을 잘 자라게 하는 시기로 기간은 3~6년이고 전체 모발의 80~90%를 차지한다.

(3) 퇴화기

모유두가 모구부에서 분리되어 대사 과정이 느려지는 시기로 기간은 3~4주로 전체 모발의 1~2%를 차지한다.

(4) 휴지기

모낭에서 모유두가 완전히 분리되어 모낭이 쪼그라들고 모근이 위쪽으로 밀려 올라가 모발이 빠지는 시기이다. 기간은 3~4개월이고, 전체 모발의 10%를 차지한다.

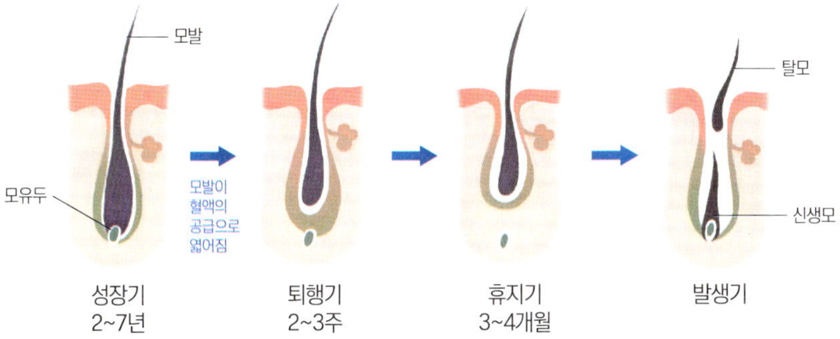

모발의 성장주기

① 모발이 자라는 속도는 인종과 남녀에 따라 다르고 몸의 부위에 따라서 다르다.

② 머리카락의 경우 하루에 0.35mm, 수염은 0.38mm, 겨드랑이털은 0.3mm, 음모는 0.2mm, 그리고 눈썹은 0.18mm씩 자란다.

③ 한국인의 경우 평균적으로 머리카락은 하루에 0.35mm, 한 달에 1cm, 1년에 12cm, 그리고 모주기가 끝나는 3~4년 후에는 이론적으로 40~50cm까지 자랄 수 있다.

④ 그러나 대머리의 경우에는 대머리가 진행됨에 따라 모주기가 점차 짧아지기 때문에 머리카락의 길이도 짧고 하루에 빠지는 수도 많아진다. 즉 대머리가 진행되지 않는 후두부의 머리카락에 비해 대머리가 진행되는 전두부의 머리카락은 짧으며 많이 빠진다.

8) 모발의 성질

(1) 물리적 특성

① 흡수성

- 모발이 수증기나 수분을 흡수하는 성질을 말하며 이는 케라틴 단백질의 친수성 성질 때문이다. 주위 환경의 습도에 따라서도 모발의 수분함유량이 달라진다.
- 건강한 모발의 수분함량은 11~13% 정도이며, 샴푸 후에는 30%까지 증가한다.

② 다공성

- 다공성은 모발 내부에 존재하는 공기층이 수분과 제품을 흡수하는 정도를 말한다.
- 다공성은 사람마다 다양하며 큐티클이 손상되었거나 열려 있을 때 증가한다.
- 다공성 모발은 큐티클층이 열려 있고 모발 기둥으로부터 돌출되어 있다.
- 다공성 모발은 제품이나 수분이 빠르게 흡수되므로 더 빠른 화학적 반응을 가져온다.

③ 탄력성

- 탄력성은 물체의 외부에서 일정한 힘을 가했을 때 물체의 내부에서 물체 본래의 모습으로 돌아가려는 성질을 말한다.
- 모발의 탄성은 케라틴 단백질의 구조적 특성으로 인해 생기는 현상이며 모발이 젖었을 때 증가한다.
- 모발의 신장은 습도의 영향을 받는다. 마른 모발은 20~30%, 젖은 모발은 50~60% 까지 늘어날 수 있다.

④ 대전성

- 모발에 빗질을 하면 마찰에 의해 전기가 발생하여 모발은 +로, 빗은 -로 대전해 +의 전기를 가진 모발끼리는 서로 반발하고 +전기를 가진 모발과 -전기를 가진 빗은 끌어당기는 현상을 말한다.

⑤ 고착력

- 1가닥의 머리카락을 두피(모근)로부터 뽑아내는 데 필요한 힘을 말한다.
- 모발은 모구가 모공벽과 밀착되어 있어서 쉽게 빠지지 않는다. 성장기 상태의 모발을 한 올 뽑는데 드는 힘은 50~80g 정도이며 휴지기 모발은 20g 정도이다.
- 전체 10만 개의 모발 수를 동시에 뽑는다면 약 5톤의 힘이 필요하다.

⑥ 팽윤성

- 모발을 물에 담가두면 길이 1~2%, 직경 15%, 무게 30% 정도 증가하는 성질을 말한다.
- 길이의 변화보다는 직경의 변화가 더 크다.

⑦ 인장강도

- 모발을 잡아당겨 끊어질 때까지 견디는 힘을 말한다.
- 정상모일 경우 약 150g, 손상모일 경우 100g 이하이다.
- 인장강도에 영향을 주는 요소는 모발의 직경, 손상 정도, 영양상태, 수분함량 정도 등이 있다.

(2) 화학적 특성

① 모발과 pH

〈표 1-2〉 모발의 산과 알칼리 특성

산	모발은 산에 강한 저항력을 지니고, 모발 단백질은 산에서는 수축성을 나타낸다. 모발에 산을 처리하면 모표피가 닫혀진다.
알칼리	모발의 등전점은 pH 4.5~5.5이며 등전점에서 멀어지면 멀어질수록 아미노산의 결합이 약해진다. 모발에 알칼리제를 처리하면 모발도 약해진다.

② 모발의 결합

모발의 기본 구조를 살펴보면 옷감을 짜놓은 것 같이 긴 세 가닥의 케라틴 단백질이 결합하여 단단하게 꼬여 있다. 세로의 결합은 모두 폴리펩티드끼리의 결합으로 이루어져 있으며 이것을 주쇄결합이라 하고, 주사슬마다 가지고 있는 곁사슬끼리의 가로 결합을 측쇄결합이라 한다.

〈표 1-3〉 모발의 결합

주쇄결합	수백, 수천 개의 아미노산이 모여서 폴리펩티드 결합을 이루고 있으며 측쇄결합에 비하여 결합력이 강하기 때문에 모발이 가로보다 세로로 더 쉽게 끊어진다.	
측쇄결합	시스틴결합	황을 함유하고 있는 아미노산인 시스테인 2개가 황을 사이로 결합한 상태(S-S) 세로결합 가운데 가장 강하며 기계적인 힘으로는 끊어지지 않지만 환원제에 의하여 쉽게 절단된다.
	염결합	아미노기는 음이온, 카르복실기는 양이온으로 작용하기 때문에 이들이 이온적으로 결합해 양쪽의 전위차가 없을 때 가장 강하게 결합한다. 즉 모발은 등전대일 때 염결합이 강하고 강산이나 알칼리 상태에서는 결합이 약해진다.
	펩티드결합	상당히 강한 결합이지만 모발의 세로결합 중에 존재하는 수가 적다. 단백질을 분해하는 정도의 강한 산화제를 사용하지 않으면 절단할 수 없다.
	수소결합	산소와 수소의 결합으로 결합력은 약하고 물에 의해서도 간단히 절단된다.

CHAPTER 02

두피 모발과 영양

1. 모발과 영양

모발은 모유두의 모모세포와 혈관으로부터 공급되는 영양분을 흡수, 분열하여 형성된 세포들의 집단이다. 모모세포는 분포된 모세혈관으로부터 영양소와 산소를 공급받아 분열을 반복하여 모발을 만든다. 인체가 섭취한 단백질이 아미노산으로 분해되고, 분해된 아미노산 중 일부는 모유두에 옮겨진 후 단백질 합성효소에 의해 케라틴 단백질이 된 것을 모발이라고 한다.

모발을 형성하는 데 가장 중요한 영양은 아미노산이다. 아미노산 중에서도 모발에 가장 많이 함유되어 있는 것은 시스틴이라는 아미노산이다. 그 외에는 단백질 합성효소 분비를 활성화하는 비타민류나 미네랄류도 모발의 영양에 중요한 역할을 담당한다.

인체의 성장과 생명유지에는 약 40여 종의 영양소가 필요하며, 다시 탄수화물, 단백질, 지방, 무기질, 비타민 5개의 군으로 나뉘어진다.

〈표 1-4〉 영양소의 분류

분류	내용	종류
열량소	인체에 필요한 에너지를 제공하는 영양소	탄수화물, 지방, 단백질
구성소	신체를 구성 및 유지하여 성장, 발달에 관여하는 영양소	단백질, 지방, 무기질, 물
조절소	생리기능과 신체대사를 도와주는 영양소	비타민, 무기질, 물, 단백질

2. 탄수화물

1) 탄수화물의 개요

탄수화물은 지방, 단백질과 함께 3대 영양소를 구성하며, 열량의 50~90%를 공급하는 주된 열량 공급원으로 인간의 생존에 가장 중요한 영양소이다.

2) 탄수화물의 분류

〈표 1-5〉 탄수화물의 분류 및 함유식품

분 류	종 류	함유식품
단당류	포도당	과일, 채소, 꿀, 콘시럽
	과당	과일, 채소, 꿀
	갈락토오스	포도당과 결합하여 유당의 형태로 존재
이당류	자당(설탕)	설탕, 사탕무, 사탕수수
	맥아당	맥아
	유당(젖당)	포유류의 유즙
다당류	전분	곡류, 감자류, 콩류
	글리코겐	동물의 간, 근육, 조개류, 굴, 균류, 효모
	셀룰로오스	채소, 과일

3) 탄수화물의 기능

(1) 에너지의 공급

인간이 활동하고 생명을 유지하는 데 필요한 주된 열량원이다. 특히 뇌와 중추신경계는 에너지의 급원으로 포도당만을 사용하므로 정상적인 뇌기능의 유지를 위해서는 반드시 적당량의 탄수화물 섭취가 필요하다.

(2) 혈당 조절

혈액에 함유된 혈당량은 약 0.1% 정도이며, 탄수화물은 혈당 농도가 0.1%로 유지되게 하는 역할을 한다.

(3) 단백질의 절약

탄수화물의 섭취량이 부족하면 신체적 생리기능 및 혈당의 유지를 위해 체내 단백질로부터 탄수화물 합성이 일어나므로 단백질이 소모되게 된다. 그러므로 적절한 탄수화물의 섭취는 단백질의 절약효과가 있다.

(4) 감미료로 이용

감미료로 이용되어 식품의 맛을 좋게 하며, 식욕을 증진시키고 이로운 장내 세균을 증식시키는 역할을 한다.

(5) 섬유질과 장기능

소화관을 자극하므로 변비를 예방하며 장기능을 촉진시키고, 탈장 및 치질의 발생률을 낮춰준다. 또한 비만을 예방하며 혈액 중 지질이나 콜레스테롤의 함량을 낮춰 심장질환을 예방해 주는 효과가 있다.

탄수화물과 건강

① 과잉 섭취 : 비만 초래

② 섭취 부족

- 탄수화물의 섭취가 부족하게 되면 총 열량도 부족하게 되어 체내 단백질의 소모가 일어나고, 에너지 보충을 위해 지방이 산화되면서 지방의 대사산물인 케톤체가 혈액에 축적되어 케토시스(ketosis)를 일으키게 된다.
- 탄수화물이 부족한 사람은 허약, 피로, 탈수 현상을 보이게 된다.

3. 지질

1) 지질의 개요

지질은 탄수화물과 같이 C, H, O로 구성되어 있으며, 식물이나 동물의 구성성분 및 저장물질이다. 지질은 영양학적으로 에너지의 주요 급원일 뿐만 아니라 필수지방산의 급원이며, 지용성 비타민의 체내 이용률을 높여주는 역할을 한다. 지질은 1g당 발생 열량이 9kcal로 탄수화물이나 단백질에 비해 2배 이상의 열량을 공급한다.

2) 지질의 분류

〈표 1-6〉 지질의 종류

종 류	분 류	구 조	비 고
단순지질	중성지방 (유지)	지방산+글리세롤	대두유, 올리브유, 우지, 돈지
	왁 스	고급지방산+고급알코올	미생물 칩입과 수분 증발, 흡수 방지
복합지질	인지질	지방산+글리세롤+인산+유기염기	난황, 대두
	당지질	지방산+글리세롤+단당류	뇌와 신경조직에 함유
유도지질	지방산	지방을 구성하는 유기산	포화지방산, 불포화지방산, 필수지방산
	스테롤류	콜레스테롤, 에르고스테롤, 담즙산, 성호르몬	콜레스테롤-동물세포막의 구성성분, 스테로이드 호르몬이나 담즙을 생성 하는 주요 성분

필수지방산

신체의 정상적인 성장과 건강 유지 및 여러 생리적 과정의 정상적 기능에 필수적이다. 체내에서 합성되지 않거나, 합성되어도 그 양이 부족하여 식품을 통해 섭취해야 하는 지방산을 필수지방산이라고 한다.

종류 : 리놀레산, 리놀렌산, 아라키돈산

3) 지질의 기능

(1) 에너지원

지방 1g이 연소할 때 9kcal의 에너지가 발생하며, 적은 양으로도 많은 열량을 얻을 수 있으므로 열량의 체내 저장에 중요한 역할을 한다.

(2) 세포구조와 세포막의 구성

지질의 대부분은 여러 물질과 결합하여 조직 내 또는 세포나 세포막에 존재하며, 이온 수송이나 선택 투과성을 가진 막의 중요한 기능을 한다.

(3) 프로스타글란딘의 합성원

인체의 정상적 기능 유지를 위해서 없어서는 안 되는 필수지방산은 생체 내에서 합성되지 않으며 반드시 식품으로부터 섭취해야만 하는데, 평활근의 자극과 혈압강하 작용을 가진 프로스타글란딘(prostaglandin)은 필수지방산에서 합성된다.

(4) 지용성 비타민의 매개

지용성 비타민(비타민 A, D, E, K)의 흡수가 정상적으로 일어나기 위해서는 지방으로부터의 열량섭취가 총 열량 섭취량의 10~15%는 되어야 한다.

(5) 혈중 지질 조절

혈중 내에서 지단백질의 형태로 각 조직에 운반되는 지질의 혈중 농도에 따라 고지혈증 및 동맥경화 등 많은 질환이 발생할 수 있다.

(6) 체 구성 성분

인지질 및 콜레스테롤은 세포 중 특히 뇌, 신경계통에 다량 함유되어 주요한 기능을 하며, 지방조직이나 세포막, 호르몬 등의 구성 성분이 된다.

(7) 체온유지 및 주요 장기의 보호

체지방 조직의 약 50% 정도가 피하지방으로 체온유지를 위한 보호벽의 구실을 하며, 나머지 50% 정도는 중요 내장기관을 외부의 충격으로부터 보호하는 작용을 한다.

지질과 건강

지질 섭취가 부족한 경우 체내에서 탄수화물, 단백질이 지질 대신 연소하므로 총 열량의 부족이나 체중의 감소 또는 필수지방산의 부족 증상이 나타나기도 한다.

반대로 지질을 과잉 섭취할 경우 지질의 연소가 불안해져서 케톤(ketone)혈증이 나타나기도 하며, 여분의 지질이 체내에 축적되어 비만증과 지방성 간경화 및 동맥경화증을 일으킬 수 있다. 지질 섭취의 증가로 고지혈증, 동맥경화증, 심장병 등 심혈관계 질환을 발생시킬 수 있으며 특히 동물성 지질 섭취가 증가할수록 대장암 등의 발생 위험도가 증가하게 된다.

1) 단백질의 정의

① 같은 에너지원으로 쓰이는 당질이나 지질은 그 구성원소가 주로 탄소, 산소, 수소 등으로 구성되어 있다. 이에 비해 단백질은 탄소, 산소, 수소 이외에 질소(N)를 함유하고 있어 당질이나 지질이 갖는 기능 이외의 독특한 고유기능을 담당하고 있다.

② 단백질은 인체 구성에 있어서 수분 다음으로 많은 양을 차지하고 있다. 근육과 피부는 물론이고 뼈와 혈액 등을 만드는 구성요소이며 호르몬, 효소, 항체 등의 생리조절 기능에도 관여하는 조절소이다.

③ 단백질은 1g당 4kcal의 에너지를 내는 열량소이다.

2) 아미노산의 정의 및 분류

① 아미노산(amino acid)은 단백질의 구성성분이며, 식품에서 섭취하는 아미노산은 약 20여 종으로 일부 아미노산은 인체 내에서 다른 아미노산으로 합성된다.

② 아미노산은 인체가 필요로 하는 생리적 요구량의 합성 가능 여부에 따라 비필수 아미노산과 필수 아미노산으로 분류한다.

③ 당질이나 지질로부터 합성되는 아미노산을 비필수 아미노산이라 하고. 체내에서 합성되지 않으므로 반드시 식이로부터 공급되어야 하는 아미노산을 필수 아미노산이라고 한다.

〈표 1-7〉 필수 아미노산과 비필수 아미노산

필수 아미노산	비필수 아미노산
Phenylalanine	Glycine
Tryptophan	Alanine
Valine	Proline
Leucine	Tyrosine
Isoleucine	Serine
Methionine	Cystein
Threonine	Aspartate
Lysine	Glutamate
Histidine	Glutamine
Arginine	

3) 단백질의 분류

(1) 화학적 분류

① 단순 단백질 : 아미노산 외에 다른 화학성분을 함유하지 않는 단백질이다.

② 복합 단백질 : 당질, 지질, 인산과 색소 등 아미노산 외에 몇 가지 화학성분을 함유하는 단백질이다.

(2) 영양적 분류

단백질의 영양적 분류는 식품 단백질에 함유되어 있는 아미노산의 종류와 그 양에 따라서 결정된다.

① 완전 단백질 : 동물이 성장하는 데 필요한 모든 필수 아미노산이 적합한 비율로 골고루 들어 있을 때 이것을 완전 단백질이라고 한다.

② 불완전 단백질 : 저질단백질 혹은 생물가가 낮은 단백질은 그 식품 중에 하나 또는 그 이상의 필수 아미노산이 결여되어 있어서 체 단백질의 합성을 위한 모든 아미노산을 제공할 수 없는 단백질이다.

4) 단백질의 기능

(1) 조직의 성장과 유지

단백질의 주된 영양학적인 기능은 조직단백질의 합성을 위해 필요한 아미노산을 공급하고 생물체의 정상적인 성장, 유지 및 기능에 필수적인 질소화합물을 공급해 주는 것이다.

(2) 효소·호르몬·면역체 형성, 체액의 균형 유지

단백질은 근육, 결합조직 등 신체조직을 구성할 뿐 아니라 효소, 항체, 호르몬 등을 합성하고 체내 필수물질의 운반과 저장, 체액과 산-염기 균형 유지 등 중요한 기능을 담당한다.

(3) 에너지 급원

단백질은 신체의 에너지원으로도 이용되며, 필요한 경우 포도당을 합성한다. 체내에서 단백질이 효율적으로 이용되려면 에너지의 섭취도 충분해야 한다. 그렇지 않으면 단백질이 고유한 기능을 수행하기보다는 아미노산으로 분해되어 에너지를 제공하는 데 사용된다.

5) 단백질 권장량 및 급원식품

① 한국인 성인 남녀의 1일 단백질 권장량은 성인 남자는 1일 70g, 성인 여자는 1일 55g이다. 한편 임신, 수유기, 성장기에는 좀 더 많은 단백질이 필요하다.

② 단백질은 동식물 식품 중에 골고루 함유되어 있으며 대체로 동물성 단백질이 필수 아미노산 등의 함량이 많아 품질 면에서 우수하다. 식물성 식품 중에는 대두류가 필수 아미노산을 비교적 많이 함유하고 있다.

③ 동물성 단백질은 육류, 조류, 어류, 난류, 우유 등에 함유되어 있으며 식물성 단백질은 곡류, 두류, 견과류 등에 함유되어 있다.

단백질 결핍증

단백질 결핍증을 '콰시오커(kwashiorkor)'라고 부른다. 이 증상은 대개 1~4세까지의 어린이들에게, 이유 뒤의 영양이 부족하거나 또는 급속한 성장에 필요한 영양의 섭취가 부족할 때 잘 나타난다. 단백질과 함께 에너지의 섭취가 제한되면 마라스무스(marasmus)가 나타난다.

5. 비타민

1) 비타민의 개요

비타민은 자연계의 식품 중에 미량으로 들어 있는 유기 화합물로서 생물의 정상적인 생리 기능에 필요한 영양소이다. 비타민은 체내에서 충분한 양이 합성되지 않으므로 외부로부터 섭취해야 한다. 음식물의 섭취 부족이나 불균형으로 비타민이 부족하게 되면 특유의 결핍증을 일으킨다.

2) 비타민의 종류

비타민은 화학구조 및 생리작용이 다양한데 편의상 공통의 성질을 갖는 지용성 비타민과 수용성 비타민으로 크게 나눈다.

〈표 1-8〉 지용성 비타민과 수용성 비타민의 일반적 성질

특 성	지용성 비타민	수용성 비타민
용 매	기름과 유기용매에 녹는다.	물에 용해된다.
과량섭취 시	필요량 이상 섭취하면 체내(간, 지방조직)에 저장되며 체외로 방출되지 않는다.	필요량 이상 섭취한 경우, 체내에 저장되지 않고 쉽게 소변으로 배설된다.
독 성	과량섭취 시 독성이 나타난다.	독성이 비교적 적다.
결핍증	결핍증세가 서서히 나타나므로 필요량을 매일 공급해 주지 않아도 된다.	필요량을 매일 공급하지 않으면 결핍증세가 비교적 빨리 나타난다.

〈표 1-9〉 비타민의 종류 및 그 결핍증

지용성 비타민		수용성 비타민	
비타민명	결핍증	비타민명	결핍증
비타민 A 비타민 D 비타민 E 비타민 K	안구건조, 각막연화 구루병, 골연화증 빈혈 출혈	티아민 리보플라빈 나이아신 피리독신 비타민 B12 아스코르브산 판토텐산 비오틴 엽산 리포산	각기병 구각염 펠라그라 피부염 거적아구성 빈혈 괴혈병

(1) 지용성 비타민

〈표 1-10〉 지용성 비타민의 기능 및 결핍증과 과잉증

비타민	체내 주요 기능	결핍증	과잉증
비타민 A	시홍의 구성체, 상피세포 보호, 뼈의 건강	야맹증, 시력 상실, 안구건조증	두통, 구토, 식욕 감퇴, 근육과 뼈의 통증
비타민 D	뼈의 성장과 석회화 촉진, 칼슘의 흡수를 증진	구루병(어린이) 골다공증(성인)	구토, 설사, 체중 감소, 신장 손상
비타민 E	세포손상을 막는 항산화제	적혈구 용혈 빈혈	거의 무독성
비타민 K	혈액 응고	출혈(내출혈)	거의 무독성

① 비타민 A

- 비타민 A는 한 가지 화합물이 아니며 레티놀(retinol)과 같은 생물활성을 나타내는 화합물을 총칭하는 일반적 용어이다.
- 비타민 A의 필요량은 섭취 형태, 단백질 섭취량, 식사 조성 등 여러 가지 변수의 영향을 받으므로 정확하게 규정하기는 어렵다. 비타민 A는 태아의 정상적인 성장, 발달을 위해 필수적이고 이는 대부분 모체의 혈액 내에서 공급받는다. 임신 후기, 수유기에는 성인 권장량보다 훨씬 많은 비타민 A가 필요하다.
- 생리적 기능 : 시각 작용, 피부나 점막의 보호 작용, 성장과 분화, 감염증의 예방효과

② 비타민 D

- 비타민 D3가 주물질이며, 칼슘 및 인 대사에 작용한다.
- 동물 및 인체 내의 피부조직은 프로비타민 D를 함유하고 있어 자외선에 조사되면 비타민 D3로 전환된다.

③ 비타민 E

- 항산화제(antioxidant) 역할을 한다.
- 비타민 E는 산화물질이 일으키는 종양(암)이나 노화 등을 억제시키고, 피부 상처 치료에도 효과가 있으며, 생식기능에도 관여하는 것으로 알려져 있다.

④ 비타민 K

- 상처가 났을 때 혈액 응고 과정에 관여하는 중요한 역할을 한다.

(2) 수용성 비타민

체내의 수용성 매개체를 통해 운반되는 비타민은 수용성으로 분류되며, 이 수용성 비타민은 체내 조직에 저장되지 않는다. 식사를 통해 섭취된 과량의 수용성 비타민은 신장을 통해 소변으로 방출되므로 이 비타민들은 정규적으로 매일 혹은 수일 이내 섭취되어야 한다.

① 티아민(thiamine, vitamin B1)

티아민은 거의 모든 척추동물과 일부 미생물에 있어 필요한 영양소이다. 가장 풍부한 공급원으로는 곡류와 육류가 있다. 이 밖에도 콩, 견과류, 생선류에도 티아민이 풍부하게 들어 있다.

② 리보플라빈(riboflavin, vitamin B2)

리보플라빈의 주요 공급원은 우유, 치즈, 계란, 육류 등이다.

③ 나이아신(니코틴산, nicotinic acid, niacin)

나이아신은 모든 조직 세포에 에너지를 공급함으로써 정상적인 생명 현상을 유지하게 하는 필수 물질이다. 체내에 흡수된 후 세포 내에서 조효소 형태로 존재하며 체내 합성량이 매우 적기 때문에 영양 보조제로 섭취하면 좋다.

④ 펜토텐산(pantothenic acid)

판토텐산은 피부염을 방지하고 성장을 촉진하는 작용을 한다. 거의 모든 식품에 존재하나 육류, 생선, 전곡류, 두류는 특히 좋은 급원이다.

⑤ 피리독신(pyridoxine, vitamin B6)

비타민 B6는 다른 비타민 B군과 같이 에너지 생성과정에 직접 참여하지는 않으나 단백질 대사에서 매우 중요한 기능을 한다.

혈액 세포의 합성과 신경전달물질의 합성에 주요 물질이 되며 주요 신경전달물질의 합성에 필요하므로 비타민 B6가 결핍되면 우울증, 두통, 혼란, 발작 등과 같은 신경기능의 장애를 일으킨다.

⑥ 시아노코발라민(cyanocobalamin, vitamin B12)

적혈구 생성과 성숙에 중요한 역할을 하며, 부족 시 악성빈혈이 발생할 수 있다. 또한 탄수화물 대사에 작용하여 신경세포에 에너지를 공급함으로써 신경계를 정상적으로 유지시키는 작용을 한다. 중요한 급원은 육류, 해산물, 난류, 유제품 등이다.

⑦ 아스코르브산(ascorbic acid, vitamin C)

대사과정에서 강한 환원제(항산화제) 역할을 한다. 피부노화, 발암물질 제거, 감기 예방에 효과가 있는 것으로 알려져 있다. 부족하면 빈혈과 잇몸 등의 점막에서 출혈이 일어나는 괴혈병을 유발시킬 수 있으며, 오렌지, 감자, 시금치 등 과일과 야채류에 많이 포함되어 있다.

⑧ 엽산(Folic Acid)

푸른 채소에 많이 들어있는 엽산은 DNA 합성, 여러 종류의 아미노산과 그 유도체의 대사, 세포분열, 적혈구 세포와 세포 성숙에 이용된다.

엽산은 아미노산과 핵산(核酸)의 합성에 필수적인 영양소이며, 특히 유전자를 만드는 핵산인 DNA 복제에 관여하는 효소의 조효소로 관여하므로 세포 분열과 성장에 중요하다. 엽산은 비타민 B12와 결합해 성장 발달과 적혈구 생산에 주력하는 비타민이며, 뇌에서 신경전달 물질인 노르아드레날린의 분비를 촉진한다.

엽산은 프테리딘(pteridine), 파라아미노벤조산(para-aminobenzoic acid), 글루탐산(glutamate)이 결합된 구조를 갖는 화합물군이다. 대부분 식품 중에 들어있는 엽산은 3~11개의 글루탐산이 펩티드 결합에 의해 연결되어 있는 폴리글루탐산(poly glutamate)의 형태로 존재한다. 엽산의 가장 좋은 급원은 간, 내장육, 과일류, 시금치, 양상추, 브로콜리 같은 엽채류, 두류, 오렌지 주스 등이다.

6. 무기질

1) 무기질의 개요

40여 종의 원소들로 구성되어 있는 무기질은 소량이지만 조직의 구성성분으로서 신체의 성장과 유지 및 생식에 필요하며, 6대 영양소 중의 하나로서 영양상 불가결한 물질이다. 체내에서 열량을 주지는 못하나, 생활기능을 조절하고 세포의 기능을 완수하도록 도우며, 아울러 생명 유지에 절대적으로 필요한 것이다.

비타민과 구별되는 무기질의 특징

① 비타민은 유기물질인 데 비하여 무기질은 단일요소로서 무기물질이다.
② 몇 가지 비타민들은 합성할 수 있지만 어떠한 생명체도 무기질을 합성할 수 없다.
③ 비타민은 공기, 빛, 열 등에 의해 쉽게 파괴되지만 무기질은 화학적인 방법에 의해 쉽게 파괴되지 않고 매우 안정하다.

2) 무기질의 기능

(1) 산, 염기의 균형

조직이나 체액 속에 들어 있는 무기질은 많은 대사반응에 필요한 산도 혹은 알칼리도를 정상으로 유지하도록 조절한다.

(2) 신체의 필수성분

① 경조직의 구성성분

골격과 치아 중에 체내 칼슘의 99%와 인의 80~90%가 함유되어 있으며, 견고함과 강직성을 주고 있다. 이외에도 아연, 구리, 망간 등은 결합 조직의 형성에 필수적이다.

② 근육의 정상적인 기능 유지

근육은 무기질을 함유하는 체액 속에 잠겨 있어야 그 수축이 일어나게 되며, 또한 혈액 내에 다량의 칼슘이 존재하게 되면 육질의 강직이 일어나게 된다. 반대로 칼슘의 양이 정상 이하로 저하될 때는 근육의 경련이 일어난다.

③ 혈액의 응고작용

혈액 응고에 있어서 Ca^{++}, 영양소 대사 때의 효소반응에서의 Mg^{++}, Mn^{++}, Cu^{++}, Fe^{++} 등의 촉진 작용을 해준다.

④ 신경의 정상적인 기능 유지

신경세포의 흥분 및 신경전달에는 나트륨, 칼륨 이온 등이 필요하며, 반대로 마그네슘과 칼륨은 신경의 진정작용을 한다.

⑤ 단백질 합성 및 효소나 호르몬의 중요한 구성 요소

무기질은 당질, 지질, 단백질의 분해과정 중 에너지를 내는 반응을 활성화시키는 데 중요한 역할을 한다. 또한 포도당으로부터 글리코겐을, 지방산과 글리세롤로부터 지질을, 그리고 아미노산으로부터 단백질을 합성하는 데 있어서도 필수적인 역할을 한다.

무기질은 호르몬의 중요한 구성요소이기도 하며, 요오드는 에너지 대사를 소설하는 호르몬인 갑상선 호르몬의 구성성분이다. 혈당량을 조절하는 호르몬인 인슐린의 생산과 저장에는 아연이 관여되며, 크롬은 인슐린의 기능을 강화한다. 소화에 중요한 역할을 담당하는 위산은 염소(Cl)로부터 생성된다.

(3) 물의 균형 조절

세포막을 투과하여 세포 내외로 이동하는 물의 방향과 양은 무기질의 농도에 의해서 결정된다. 무기질의 균형이 이루어지지 않는 경우에는 체액의 축적 또는 탈수를 일으키기도 한다. 나트륨, 칼륨 및 염소 이온들은 체내 삼투압을 결정하는 주된 무기질이다.

(4) 촉매 작용

마그네슘은 탄수화물, 단백질, 지방의 분해, 합성과정에 필요하며, 구리, 칼슘, 칼륨, 망간, 아연 등 많은 종류의 무기원소들은 체내의 이화작용 및 동화작용에서 촉매 또는 효소의 구성성분으로 필요하다.

3) 무기질의 기능 및 결핍증

〈표 1-11〉 다량 무기질의 급원식품, 기능 및 결핍증

다량 무기질	신체구성	급원식품	체내 주요기능	결핍증
칼슘	뼈와 치아	우유 및 유제품, 녹황색 채소, 뼈째 먹는 생선	뼈, 치아 형성, 혈액응고, 근육 수축, 신경자극 전달	성장 위축, 구루병, 골다공증, 골감소증, 골연화증
인	뼈와 치아	우유 및 유제품, 곡류, 어·육류, 견과류, 계란노른자	뼈, 치아 형성, pH조절, 에너지 발생 촉진, 뇌신경의 성분	식욕부진, 칼슘 손실, 근육 약화, 골격 약화, 구루병
칼륨	체내 세포, 체액	녹황색 채소, 콩류, 바나나, 우유	신경자극 전달, 삼투압 조절, 산-염기 균형	근육 경련, 식욕 저하, 메스꺼움, 심장박동 불규칙
황	뼈와 연골	육류, 달걀, 콩류, 조개, 밀의 배아	산-염기 균형, 해독 작용, 세포단백질의 구성	보고된 바 없음
나트륨	뼈와 외세포 체액	소금, 육류, 베이킹소다, 우유 및 유제품, 화학조미료(MSG), 해산물, 계란	산-염기 균형, 물의 균형, 신경자극 전달, 체액량 조절	구토, 근육 경련, 현기증, 식욕 감소, 세포외액 상실, 극도의 피로
염소	외세포 체액	소금, 야채, 과일, 해산물, 육류, 계란	물의 균형, 삼투압 조절, 위액의 산도 조절, 효소 활동	구토, 설사, 세포외액 상실, 유아의 경우 혼수상태
마그네슘	뼈와 치아	전곡, 견과류, 녹색잎 채소, 대두	골격 구성, 효소 활성화, 근육의 긴장, 이완	식욕 부진, 근육 약화, 신경장애, 심장기능 약화

〈표 1-12〉 미량 무기질의 급원식품, 기능 및 결핍증

다량 무기질	신체구성	급원식품	체내 주요기능	결핍증
철	헤모글로빈, 간, 비장과 뼈	간, 귤, 육류, 녹색잎 채소, 난황, 새우	세포 속에서 산소운반, 체내에 미량 존재	빈혈, 허약, 철 결핍성 빈혈
아연	간, 근육과 뼈의 조직	간, 해조류, 우유, 청어	인슐린과 필수, 효소 구성 요소, 사춘기의 성장	성장지연, 왜소증, 면역기능 저하, 상처회복 지연, 식욕 부진
구리	간, 뇌, 심장, 신장의 모든 조직	육류, 간, 코코아, 조개, 굴, 곡물	헤모글로빈 합성, 뼈의 석회화, 체내 철의 이용 도움	빈혈증, 백혈구수 감소, 골격 손실, 성장 장애, 심장질환
셀레늄	세포	새우, 어패류, 땅콩, 육류, 우유, 야채	항산화제 역할	근육통, 근육 약화, 심근 장애, 심장기능 저하
요오드	갑상선	해조류, 해산물, 요오드강화식염	갑상선호르몬의 구성성분, 기초 대사 촉진	갑상선 기능 부전증, 갑상선종, 성장 지연
망간	뼈, 간, 뇌하수체, 췌장, 위장 조직	곡물, 견과, 대두, 과일, 차	효소의 필수적 요소, 뼈와 연골조직의 형성	잘 알려져 있지 않음, 체중감소증, 성장 장애, 생식 장애
불소	뼈와 치아	음료수, 해조류, 완두콩, 녹황색 채소	골격형성, 충치의 예방 및 억제	충치 유발, 골다공증
코발트	세포	간, 굴, 우유, 닭고기, 대합	비타민B12의 구성성분, 효소의 활성 물질, 인슐린의 작용 상승	악성빈혈

7. 두피 모발과 영양

1) 두피, 모발과 단백질

모발을 형성하고 있는 물질은 케라틴 단백질이다. 모발은 18종의 아미노산으로 구성된 케라틴 단백질 중 특히 시스틴이라고 하는 아미노산을 많이 포함하고 있다. 시스틴이 많이 함유된 식품으로는 계란, 돼지고기, 고등어, 콩, 우유 등이 있다.

2) 두피, 모발과 비타민

〈표 1-13〉 두피에 따른 비타민 효과

종 류	내 용	함유식품
비타민 A	건조성 두피와 비듬성 두피에 효과	간, 버터, 마가린, 치즈, 계란, 장어, 시금치, 당근
비타민 B2	에너지 대사의 조효소 부족 시 피부와 모발의 신진대사가 나빠짐	우유, 버섯, 시금치, 계란, 간, 어류, 가금류
비타민 B6	단백질 대사, 헤모글로빈 합성, 피지분비 촉진	동물성 단백질 식품, 시금치, 브로콜리, 바나나, 토마토, 감자, 우유, 해바라기씨, 연어
비타민 B5	에너지 대사, 지방 합성 및 분해의 조효소, 흰머리 예방	버섯, 브로콜리, 계란, 우유
비타민 D	칼슘과 인의 흡수 증가 모발 재생 효과	파슬리, 딸기, 시금치 등의 야채류
비타민 E	항산화제 기능, 말초혈관의 확장작용으로 혈액순환 촉진	마요네즈, 마가린, 쇼트닝, 버터, 녹색채소, 과일, 견과류
비타민 F	모발과 피부에 윤기 부여	식물성 기름

3) 두피, 모발과 무기질

(1) 황(S)

① 모발을 구성하는 주성분으로 결핍 시 모발의 노화가 촉진된다.

② 함유식품 : 콩, 닭고기, 쇠고기, 생선, 계란, 우유

(2) 요오드(I)

① 요오드는 갑상선 호르몬의 분비를 촉진시켜 모발의 성장을 도와준다.

② 철, 요오드, 칼슘이 많은 해초는 두피의 신진대사를 높이는 효과가 있다.

(3) 아연(Zn)

① 단백질 복제와 관련된 효소의 활성에 관여한다.

② 200여 효소의 구성 요소로 성장, 면역, 알코올 대사에 관여한다.

③ 모발을 튼튼하고 윤기나게 만들어 주고, 특히 흰머리 예방에 도움이 된다.

④ 함유식품 : 굴, 육류, 우유, 요구르트, 해바라기, 시금치

8. 두피 모발과 식품

1) 두피, 모발 건강을 위한 식품

(1) 검은콩

① 신진대사가 활성화되어 수분과 지방을 원활히 배출시키고 해독 작용이 있다.

② 활성산소를 억제하고 혈액순환을 왕성하게 하여 조직이나 세포를 지켜 준다.

③ 모발의 성장에 관여한다.

(2) 동물의 간과 등푸른생선

양질의 단백질, 지방, 비타민 B, 철, 구리, 코발트, 망간, 인, 칼슘 등 무기질이 풍부하여 모발의 성장을 돕고 건조해지지 않도록 한다.

(3) 다시마와 미역

① 인체의 면역성을 높여 영양분의 흡수를 조절한다.

② 장내의 지방, 발암물질 등의 노폐물을 체외로 배출하는 작용을 한다.

③ 딱딱한 두피를 부드럽게 하고 혈액순환을 촉진하여 탈모를 예방한다.

〈표 1-14〉 두피와 모발에 좋은 식품

효 과	관련식품
모발 성장 촉진	조개류, 육류, 생선류, 마늘, 양파, 고추, 계란, 시금치, 과일 종류 등
모발 성장 촉진 및 두피 각질 줄여주는 식품	시금치, 당근, 호박, 토마토, 계란, 우유, 각종 잡곡과 육류 등
두개피의 말초 미세혈관을 열어주어 각종 영양분을 공급하는 식품	각종 잡곡류와 녹색, 황색 채소, 현미 등
모근과 모구 강화, 두개피의 혈액순환 촉진	싱싱한 야채류, 산채 뿌리채소와 과일, 육류, 생선류, 조개류, 배추, 무잎, 풋고추, 참치, 멸치, 꽁치, 고등어 등
모발을 튼튼하게 해주는 식품	검은깨, 검은콩, 현미, 호두 등의 잡곡과 구지가, 다시마, 미역, 김, 녹차 등

2) 두피, 모발 건강에 해로운 음식

(1) 가공식품이나 단 음식

① 혈액순환을 악화시켜 모근에 영양 공급을 방해한다.

② 두피조직의 결합을 약화시켜 모발을 빠지게 한다.

③ 인슐린 호르몬이 증가하여 필수지방산인 아라키돈산 생성을 증가시켜 남성호르몬 생성에 관여하여 탈모를 야기할 수 있다.

(2) 동물성 지방, 기름진 음식

① 직접적으로 남성호르몬 생성에 관여하여 탈모를 야기시킨다.

② 피지 분비를 촉진시켜 모공을 막아 균의 번식을 초래한다.

(3) 탄수화물 식품

인슐린 분비를 자극하여 체내에 저장된 지방을 에너지로 전환시키는 글루카곤의 분비를 억제하여 혈중 농도를 높여 탈모를 촉진할 수 있다.

(4) 술, 담배, 카페인, 인스턴트 식품

① 담배는 세포 기능을 저하시 혈류량의 증가에 따른 혈관 확장이 이루어지지 않게 해 혈액순환 장애가 발생한다.

② 인스턴트 식품은 함유되어 있는 각종 첨가재, 불포화지방산 등으로 인해 성인병을 유발하는 요인이 될 수 있다.

③ 술, 담배, 카페인, 인스턴트 식품 등은 탈모의 직접적인 원인은 아니지만 간접적으로 많은 영향을 줄 수 있다.

CHAPTER 03

두피 모발 타입별 분류 및 관리

1. 두피 모발 타입별 분류

1) 정상두피

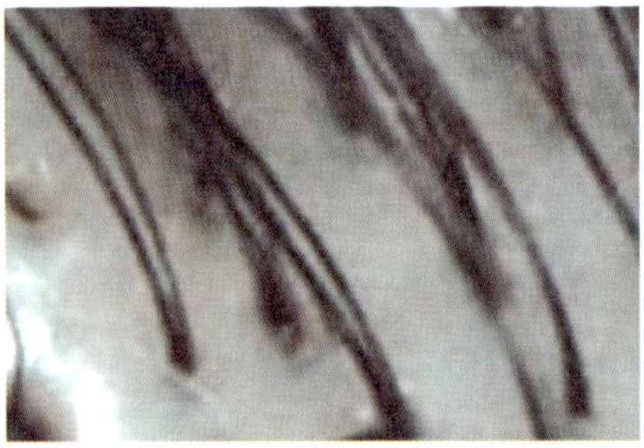

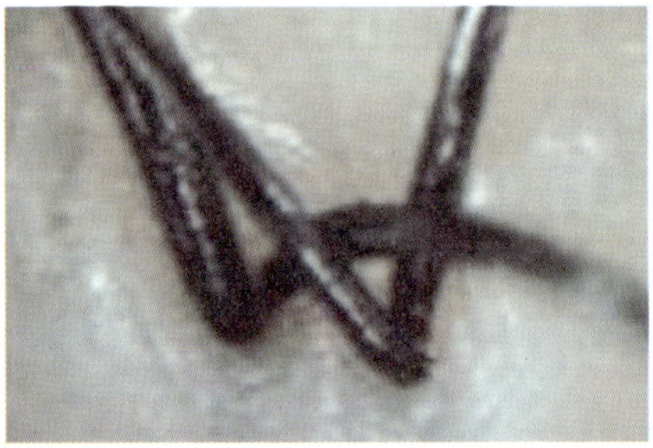

① 이상적인 두피로 두피 표면이 맑은 청백색을 띠고 두피톤이 맑고 투명하다. 각질이 없고 깨끗하며, 모공 주변에 이물질이 보이지 않으며, 모공이 완전히 열려 있는 상태이다.

② 정상 두피는 1개의 모공에 2~3개의 모발이 건강하게 자리 잡고 있으며, 모발의 굵기가 거의 일정하고 투명한 반사빛을 보인다.

2) 건성두피

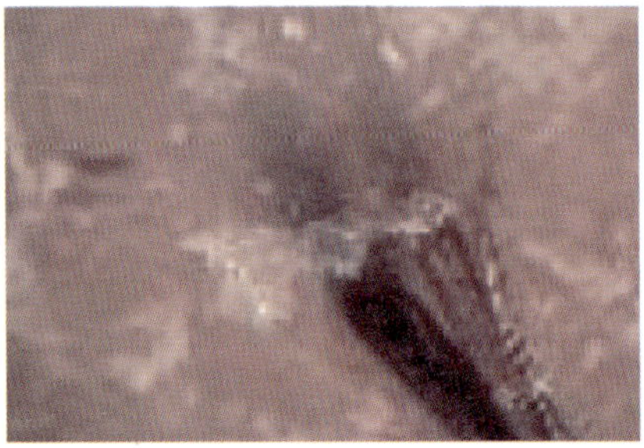

① 두피 표면의 피지량과 수분 조절 기능의 밸런스가 깨져 유, 수분이 부족하고 건조한 두피상태를 보인다.

② 윤기가 없고 노화된 각질이 두껍게 쌓여 있는 탁한 백색의 두피를 가지고 있다.

③ 노화된 각질이 모공을 막는 경우가 발생하여 모발이 가늘어지고, 두피 표면이 거칠어지며, 각질이 들떠 있다.

④ 건성 두피는 부분적으로 비듬 형태의 각질을 보이며, 모공 주위에 유수분이 부족하고, 모공이 함몰되어 있다.

⑤ 천연보호막 성분인 피지가 부족하여 세균 등에 의한 감염을 막아주는 기능을 수행하지 못하여 두피가 손상되기 쉽다.

⑥ 이러한 건성두피는 잦은 샴푸나 강한 드라이 열, 퍼머, 염색, 탈색 등 화학약품으로 인한 자극으로 더욱 악화될 수 있다.

3) 지성두피

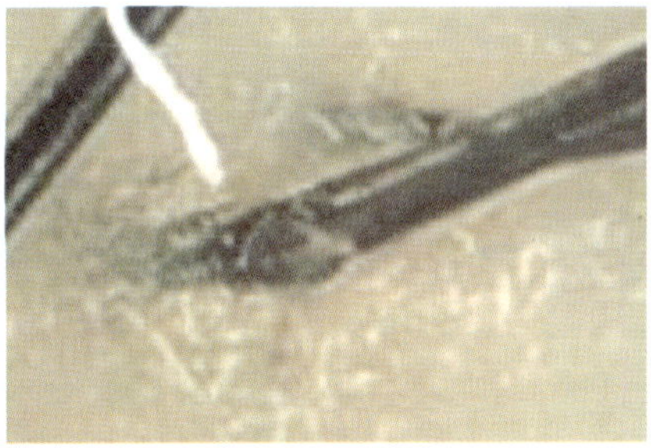

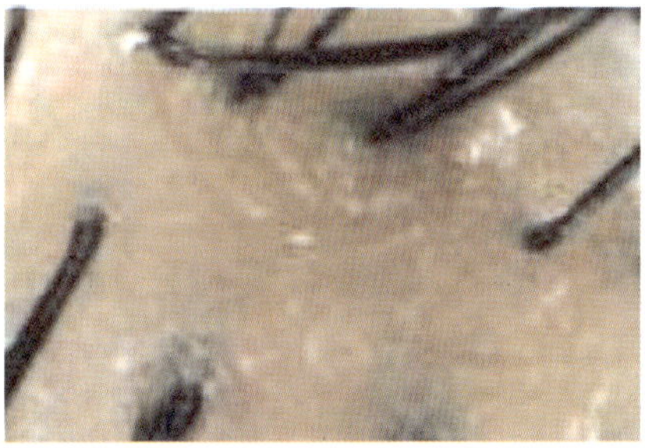

① 지성두피는 과도한 피지분비로 두피가 투명감이 없이 탁해 보이거나 물이 고인 듯 축축해 보이며, 과도한 유분으로 인해 번들거리는 현상이 나타난다.

② 비듬과 각질이 피지와 엉켜 모공을 막고, 산화되어 끈적거리는 모발을 형성하며 심한 경우 악취를 동반한다.

③ 과도한 유분으로 인해 모발은 힘이 없이 가라앉고 심한 경우에는 비듬도 발견되며 가려움을 동반하거나 지루성 염증이 유발되기도 한다.

4) 민감성 두피

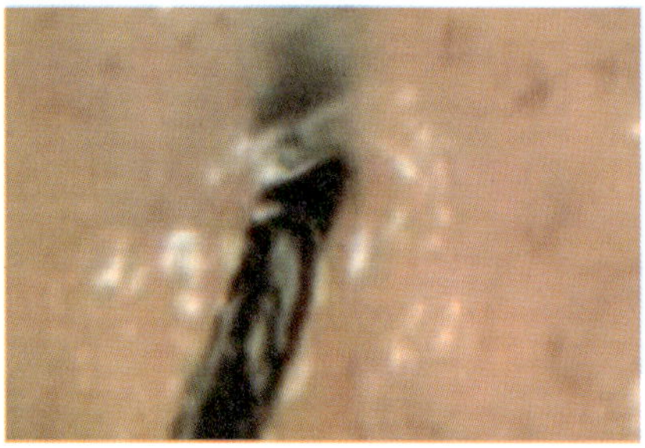

① 외부 물질에 대하여 과민반응을 나타내는 두피형태로 두피 톤이 붉고, 모세혈관이 확장되어 있다.

② 원인으로는 선천적인 경우, 피로가 누적되고 장시간 스트레스를 받은 경우, 잦은 퍼머, 염색, 탈색 등의 화학적인 시술로 인한 경우 등이다.

5) 지루성 두피

과다한 피지 분비 및 피지 산화, 각질의 생성 촉진으로 비듬균이 과다 증식하여 염증이 많은 두피상태이다.

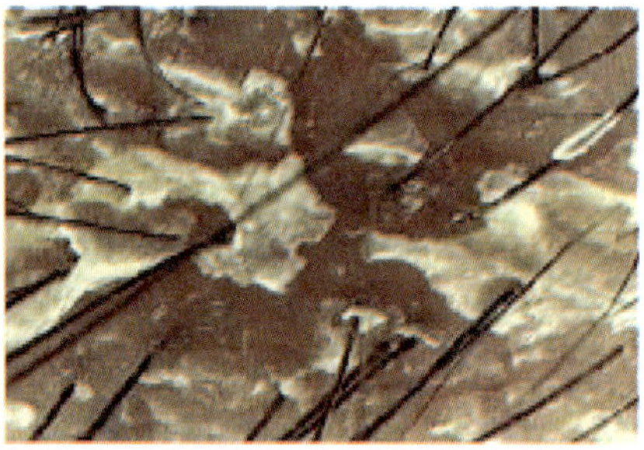
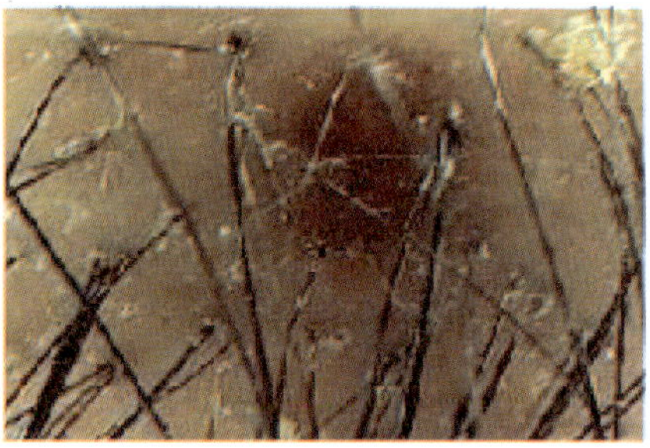

6) 비듬성 두피

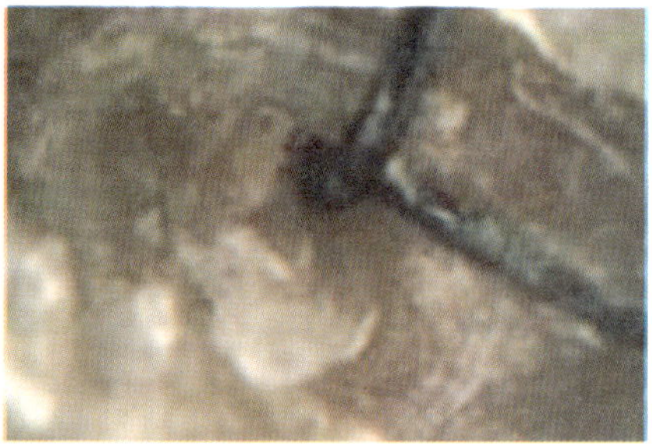

① 비듬성 두피는 비듬균의 이상 증식으로 비듬이 쌓인 비듬이 가려움을 유발하고, 긁는 자극으로 인해 두피가 예민해질 수 있다.

② 관리시기가 늦어지는 경우, 염증이나 탈모로 진행될 수 있다.

③ 과다한 피지분비로 인한 지성비듬 두피와, 두피에 수분이 모자라서 표피가 갈라지는 건성비듬 두피 형태로 구분할 수 있다.

(1) 지성 비듬

① 과다 분비된 피지가 땀과 먼지 각질과 엉켜 노란색을 띠며 끈적끈적하다. 두피를 긁으면 손톱에 비듬이 붙어 떨어져 나온다.

② 두피가 촉촉하고 물렁물렁하며 열이 있는 경우도 있으며, 가려움과 악취를 동반한다.

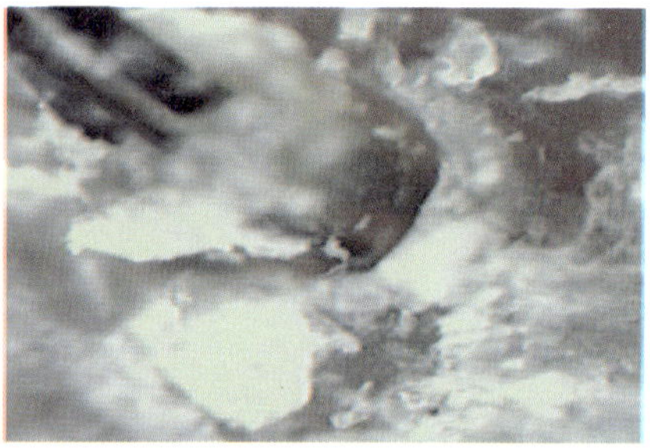

(2) 건성 비듬

① 두피가 건조해지면서 각질이 일어나고, 하얗고 가는 비듬의 형태를 동반하며, 가려움증을 수반한다.

② 영양실조나 잘못된 샴푸 등이 원인이며 스트레스, 유전적인 요인, 음식물, 기후, 땀 등의 영향을 받는다.

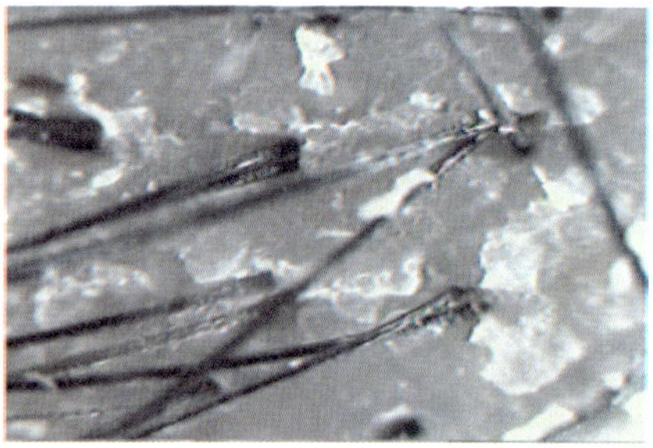

7) 탈모진행형 두피

① 모발의 성장이 중지된 것으로 모모세포의 힘이 약해져 모발주기가 변화되어 탈모가 있는 두피를 말한다.

② 두피가 경직되어 딱딱하고, 비듬과 가려움증을 동반하고 있다.

③ 1개의 모공에 2~3개 정도의 모발이 있어야 정상으로 보는데, 1개의 모공에 1개의 모발만 존재하거나 빈 모공의 상태로 함몰되어 있는 경우가 있다.

④ 과도한 스트레스나 두피의 혈액순환 장애, 다이어트 등 영양 부족, 임신과 출산, 폐경에 따른 호르몬의 영향, 두피의 피지와 땀의 노폐물, 유전적인 소인 등의 원인으로 빠지는 모발의 수가 성장하는 모발의 수보다 많아져 1일 100개 이상의 모발이 빠진다.

2. 유형별 두피 모발 관리

1) 정상두피

① 두피 손상의 예방과 현재의 정상상태를 유지시켜 주는 데 관리의 초점을 둔다.

② 규칙적으로 두피 스케일링을 실시하여 청결상태를 유지시켜 주고, 적당한 유분과 수분을 공급해 준다.

③ 아침보다는 저녁에 샴푸하는 것을 권장하며, 샴푸 후 완전히 건조한 다음에 취침한다.

2) 건성두피

① 정기적으로 두피 스케일링과 두피 마사지를 시행한다.

② 건성 두피용 샴푸를 사용하고 건조 시에는 찬바람을 이용한다.

③ 두피용 토닉으로 유, 수분을 공급하고 두피를 진정시킨다.

3) 지성두피

① 두피 스케일링을 실시하여 피지 응고물을 제거한다.

② 여름에는 샴푸를 하루에 두 번 해도 무방하며, 매일 샴푸하여 두피를 청결하게 유지한다.

③ 지성 두피용 샴푸 및 토닉으로 두피의 pH를 조절하여 약산성 상태를 유지시켜 준다.

4) 민감성 두피

① 두피를 민감하게 만드는 요인인 스트레스를 줄이고 두피에 물리적, 화학적 자극을 주지 않도록 한다.

② 어깨, 목 등에 뭉친 근육을 풀어 주고 숙면을 취하도록 한다.

③ 민감성 두피용 샴푸를 사용하여 두피를 진정시켜 준다.

④ 민감성 두피는 쉽게 개선되지 않으므로 꾸준한 관리가 필요하다.

5) 지루성 두피

① 약용샴푸나 비듬샴푸로 아침, 저녁으로 샴푸한다.

② 피지 조절을 위해 비타민 B2, B6 등이 풍부한 식품을 섭취한다.

③ 스트레스를 풀어주고, 화학적 시술을 가급적 피한다. 증상이 심할 경우에는 반드시 전문의의 치료를 받도록 한다.

6) 비듬성 두피

(1) 지성 비듬

① 비듬 전용 샴푸를 사용하여 과도한 피지를 조절해 주고 비듬균을 살균, 소독한다.

② 주 2회 정도 두피 스케일링과 마사지를 하며 적절한 유분과 수분을 공급해 준다.

(2) 건성 비듬

① 두피를 청결하게 해 주고 비듬 전용 샴푸를 사용한다.

② 약용샴푸 사용 시 증상이 호전되면 사용 횟수를 줄여 사용한다.

③ 잦은 퍼머나 염색 등 화학적 시술을 자제하고 두피에 유분과 수분을 공급한다.

7) 탈모진행형 두피

① 어깨, 등, 상박 등에 마사지를 자주 실시하여 뭉친 근육을 풀어주고, 적절한 두피 스케일링과 샴푸를 시행하며, 두피 토닉과 영양제를 도포한다.

② 단백질, 비타민, 무기질의 영양소를 충분히 섭취하며, 지나치게 자극적인 음식, 즉석식품, 음주, 흡연 등을 자제한다.

3. 질환별 두피 모발 관리

(1) 농가진

박테리아가 손상된 피부를 통하여 침범하여 발생되는 질환이다. 증상은 투명한 액체로 찬 수포를 생성하여 심한 두통이 오고, 시간이 지남에 따라 주위 피부의 발작, 열감, 농포가 형성된다.

(2) 백선

① 일종의 버진과 같은 형태로 두피에 발생하는 전염성 피부염을 말한다.

② 곰팡이균과의 직접적 접촉, 또는 상흔에서 떨어져 나온 가피들과의 접촉, 오염된 빗, 브러시, 타월에 의한 간접적 접촉에 의해 발생된다.

③ 증상으로는 둥근 모양의 반점이 번지면서 회색빛의 비늘 가피가 형성되어 분홍빛 반점이 두피에 나타나기 시작한다. 반점을 중심으로 절모 현상이 일어나며, 전염성이 매우 높다.

(3) 모낭염

① 피부 및 두피에 손상을 받았을 때 모공에 박테리아가 침범하여 급성 화농성 염증을 일으켜 발생한다.

② 감염된 사람과의 직접 접촉, 오염된 기구를 통해 감염되며, 간혹 퍼머 와인딩 시 과도한 당김으로 퍼머넌트웨이브제가 모공 속으로 들어가 모낭염을 일으키기도 한다.

③ 증상은 작은 농포가 형성되고, 특징적으로 농포 중앙에 모발이 나는 형상을 띠기도 한다.

(4) 머릿니

① 머릿니가 두피, 모발에 침입하여 알을 까고 부화하여 생긴다.

② 증상은 가려움을 동반하고 모근 쪽에 하얀 알이 딱딱하게 부착되어서 비듬과 달리 손으

로 비벼도 떨어지지 않는다.

(5) 건선

① 두피 및 인체에 발생하는 만성 피부질환으로 진피 부분에 세포분열이 급속하게 일어나 피부가 부풀어 오르거나 비정상적으로 두꺼워지는 것을 말한다.

② 유전적 요인이 강하며 스트레스 때문에 발생하기도 한다.

③ 증상은 피부가 두꺼워지며 은색의 비늘이 형성된다. 비늘 제거 시 붉은 피부가 드러나며 따끔거리고 약간의 출혈이 동반되기도 한다.

(6) 모공각화증

① 모낭 유두의 과각화증으로 모낭공이 부분적으로 폐쇄되어 휴지기 털이 빠지지 못하여 발생한다.

② 증상은 모낭이 솜털의 뭉치가 있는 깔때기 모양의 각질 덩어리로 채워져 있어 노인의 코와 이마에서 주로 나타나며, 어깨와 등에는 작은 흑점을 보이기도 한다.

CHAPTER 04

탈모

1. 탈모의 정의

정상적으로 자라던 부위에 병적인 상태 때문에 모발이 기준치를 초과하여 빠져 없어지는 경우 즉, 정상적으로 사람의 머리카락이 하루에 빠질 수 있는 상한선인 100개 이상을 초과하는 탈모현상을 보일 때를 탈모증이라 한다. 머리털은 발생, 성장, 퇴화, 탈모기라는 주기를 반복하여 일생 동안 12번 정도를 반복한다. 따라서 머리카락이 보통 하루에 50~100개 정도 빠지는 것은 정상이다.

자연탈모는 모근의 형태가 곤봉모양으로 성장기에 있는 건강한 모발은 무리하게 잡아당기면 모근 부분이 길고 커지게 되어 모근의 범위와 모근부의 하부에 하얀 부착물이 붙어 있는 것도 있다. 이상탈모의 모구는 곤봉 모양이 아닌 위축되거나 변형되어 있어 구분이 가능하다. 탈모성 두피에는 하나의 모공에 1개의 모발만이 존재하거나 빈 모공인 상태가 많다.

2. 탈모의 원인

탈모는 가끔씩 많은 양으로 증가되었다가 또는 줄어들기도 하는데 그 변동 폭은 40~80여 개 사이에서 진행된다. 탈모량의 변동은 계절적인 영향과 같이 외부적인 영향과 내부적인 영향이 동시에 작용한다.

내부적인 영향은 전체 모발 수에 비해 휴지기의 모발의 비율이 커진 경우이고, 외부적인 영향은 계절적인 영향이라든지 두피의 표피에 일어나는 영향을 뜻한다. 그러나 이 정도는 자연스러운 현상이므로 특별히 탈모증으로 규정하지는 않는다.

1) 내적인 요인

(1) 유전적인 요인

탈모의 95% 이상의 경우가 유전과 호르몬 때문에 발생한다고 하는데, 탈모의 유전적 소인이 있는 사람은 DHT라는 남성호르몬의 부산물에 노출되었을 때 탈모가 되기 쉽다.

탈모증은 특히 남자인 경우 그 유전력이 대단히 강하다. 가령 아버지 또는 어머니 어느 한 쪽이 탈모증이었거나 유전자를 가지고 있으면 그 아들에게 탈모증이 유전할 확률이 대단히 높다. 반면, 여성은 탈모증의 유전자가 한쪽에서 전해져도 증상이 별로 나타나지 않고 양친 모두 유전자를 가지고 있는 경우는 탈모증이 나타날 수도 있지만 매우 희박하다.

탈모증은 어버이로부터 유전되어 자식에게 전해진다. 여기에서 유전된다는 것은 탈모증 자체를 말하는 것이 아니고 탈모증이 되는 체질을 말하는 것이다. 2개의 쌍으로 이루어져 있는 유전자 중 한쪽은 아버지로부터, 다른 한쪽은 어머니로부터 전해진다. 탈모증이 되는 유전자를 아버지와 어머니 모두에게서 물려받았을 때는 거의 100% 증상이 나타나게 된다.

탈모 유전자를 가지고 있다고 해서 모두 다 대머리가 되는 것은 아니다. 어떤 유전자를 가지고 있을 때 실제로 그것이 발생하는 것을 표현성이라고 하는데 탈모가 실제로 발생하는 표현성은 호르몬과 나이 그리고 스트레스 등의 요인과 깊은 연관성을 가지고 있다.
흔히 대머리는 남성에겐 '상염색체 우성'으로 유전되어 부모 중 어느 하나의 유전인자를 받으면 나타나지만, 여성의 경우 '상염색체 열성' 유전으로 한쪽 부모로부터 인자를 받아야만 탈모자가 된다고 알려져 왔다.
즉, 대머리가 되기 위해서는 유전인자가 있어야 하는 동시에 남성 호르몬이 꼭 필요하며, 그래서 대머리를 '안드로겐 탈모증' 또는 '남성형 탈모증'이라고 하는 것이다.

(2) 스트레스 등 심리적 요인

현대인들은 직장생활, 사업, 경제, 폭력, 입시 등 모든 사회 환경이 과거보다 복잡하고 다양하기 때문에 항상 스트레스에 시달리며 살아간다. 스트레스가 누적되면 자율신경이나 교감신경을 자극하고 아드레날린이 분비되어 혈관을 수축시키고 두피가 긴장되어 모근에 영양공급이 불량해져서 탈모를 일으킨다.
육체적 노동이나 단순 업무를 하는 사람보다 정신적 노동이 심한 사람이 더 많은 탈모가 진행되는 것은 정신적인 부분과 심리적인 요인이 탈모에 가장 큰 영향을 주기 때문이다.

(3) 잘못된 식습관

모발의 대부분은 케라틴이라는 단백질로 이루어져 정상적인 모발의 생산을 위해서는 적당한 양의 단백질을 섭취하여야 한다. 다이어트 등으로 단백질이 부족해지면 성장기에 있던 모발이 휴지기 상태로 접어들게 된다. 따라서 탈모가 발생할 수 있으며, 모발을 잡아당기면 쉽게 빠지게 된다. 또한 육식 위주의 식단은 탈모 현상을 부추기기도 하는데, 이는 동물성 지방으로 인해 혈중 콜레스테롤이 증가하여 모근의 영양 공급을 악화시키기 때문이다. 특히 맵고 짠 자극적인 음식, 동물성 지방의 섭취 등은 혈액의 흐름을 방해하는 원인으로 작용하여 원활한 영양공급에 문제가 생겨 탈모를 유발할 수도 있다.

(4) 혈액순환 장애

두피의 혈액순환이 나빠지면 모낭에 영양공급이 결핍되어 탈모의 원인이 된다. 두피의 모세혈관은 산소와 영양분의 통로이자 노폐물의 배출로로 혈행이 좋지 못하면 탈모가 가속된다. 꼭 끼는 모자를 쓰거나, 쪽을 지는 것은 두피를 압박시켜 혈행을 나쁘게 한다.

(5) 수면 부족

11시 전에 취침을 해야 인체의 열을 식혀 주는 신장기능이 좋아져 피로가 금방 풀리고 피로한 세포가 바로 복구된다. 그런데 인체가 장기간 피로나 수면 부족으로 열이 잠복되어 있으면 두피에도 열이 누적되어 두피와 모발이 건조해지고 손상되어 탈모가 발생한다.

(6) 내분비 장애

호르몬의 장애 중 갑상선 기능 저하는 모발, 체모의 수가 줄어들며 특히 눈썹의 수가 적어진다. 당뇨병이 있으면 당뇨 조절이 제대로 이루어지지 않아 탈모가 발생하기도 한다. 그 외의 내분비 장애로 뇌하수체 기능 저하, 부갑상선 기능 저하, 갑상선 기능 항진 등이 있다.
산후 탈모증은 임신과 출산의 스트레스와 호르몬 밸런스의 변화에 의해 나타난다. 출산 후 3~4개월 경과 시 모량이 급격히 증가하는 특징이 있다.
여성은 폐경 이후 여성호르몬이 급격하게 감소함에 따라 부신에서 분비되는 부신성 안드로겐 호르몬의 영향력이 커져 탈모가 나타난다. 이때 노인성 탈모증상과 함께 나타나는 경우 급격히 탈모가 진행된다.

2) 외적인 요인

(1) 지루와 비듬

비듬은 두피가 각질화하여 비늘처럼 떨어져 나가는 것이며 지루는 과다하게 분비된 피지와 땀, 오물의 혼합물을 말한다. 이것은 가려움증을 동반하고 모낭을 위축시켜 탈모의 원인이 된다.

(2) 화학성 원료 사용

화학성 원료를 사용하는 샴푸, 비누 등을 사용할 경우 두피의 가려움증, 염증, 각화현상으로 인하여 두피가 손상된다. 또한 퍼머나 염색약 등의 독한 염료는 머리카락의 통로 부분인 모수질로 침투하여 모근과 모구가 시들거나 모모세포의 생산을 방해하여 새로운 머리카락이 자라지 못하게 한다.

(3) 환경오염

장기간에 걸쳐 대기 중에 포함되어 있는 각종 먼지나 유해물질에 모발이나 두피가 노출될 경우 두피 염증이나 비듬 등이 생겨 탈모를 유발할 수 있다. 특히 환경 호르몬이 입, 코, 피부를 통해서 체내로 들어오면, 에스트로겐을 필요로 하는 세포 속의 수용체에 딱 들러붙게 되어 호르몬 반응을 교란시켜 탈모의 요인으로 작용할 수 있다.

(4) 각종 질병

감기, 결핵, 바이러스에 의한 질환 등으로 인해 항생제를 남용하면 심한 탈모를 가져온다. 예를 들어 빈혈, 천식, 고혈압, 동맥경화, 당뇨병, 중풍, 각종 암 등은 현대사회의 음식문화와 환경오염에서 오는 질환으로 탈모의 치료를 예방에서부터 시작해야 하는 이유가 된다.

3. 탈모의 분류

1) 체내 인자에 의한 탈모

(1) 남성형 탈모증(안드로겐성 탈모증)

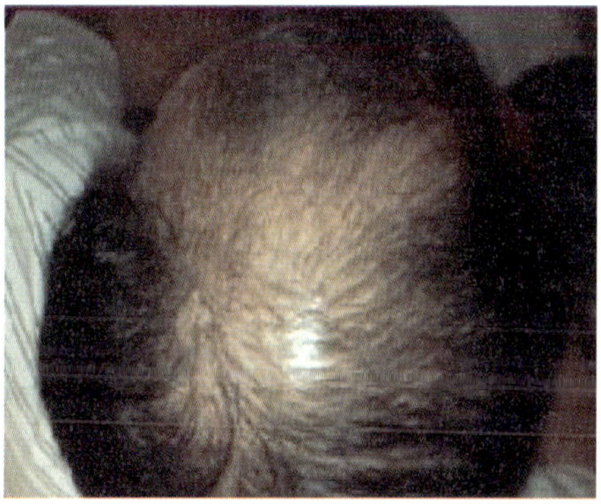

① 남성형 탈모증의 개요

- 안드로겐성 탈모증(Androgenetic Alopecia)은 사춘기 이후에 발생하는 가장 흔한 유형의 탈모증으로서 남성호르몬인 테스토스테론이 DHT로 변환되면서 DHT에 대한 감수성이 있는 모낭을 공격하여 탈모를 유발한다.
- 국소적으로는 두피 중앙부의 모발이 연모로 변하여 점진적으로 길이가 짧아지고 가늘어지며 모낭이 소형화되는 것을 특징으로 한다. 이 증상의 대부분은 남성이며 가끔 여성에게도 볼 수 있지만 심하지는 않다.
- 남성형 탈모는 유전적 인자와 모발에 대한 안드로겐의 작용으로 탈모가 되며 대부분 점진적으로 모발이 가늘어지고 빠진다. 주로 이마의 발모 경계선이 뒤로 후퇴하며, 이마의 양쪽이 M자 모양으로 깊이 파인 형태, 후두부와 측두부의 모발을 제외한 두피의 모든 모발이 빠지는 형태 등으로 나타날 수 있다.

- 남성형 탈모증이 빠르게 진행되는 경우, 탈락되는 모발의 수가 갑자기 증가하는 것을 볼 수 있게 된다.
- 대체로 남성형 탈모증은 남성호르몬의 영향으로 피지선이 발달하여 피지를 많이 분비하기 때문에 두피에 기름기가 많아 번들거린다. 이 때문에 지루성 피부염을 유발하여 더욱 탈모를 촉진시키기도 한다.

② 남성형 탈모증의 분류

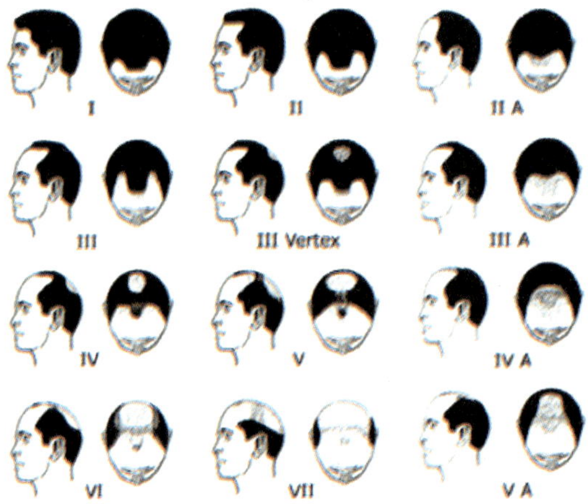

남성형 탈모증의 분류

③ 남성형 탈모의 형태

〈표 1-15〉 남성형 탈모의 형태

형태	내용
M자형	이마의 양쪽이 M자 모양으로 시작하여 앞이마 선이 뒤로 후퇴하고 성수리부분이 빠져 결국은 합쳐지는 형태
U자형	앞이마가 넓어지다가 점점 정수리 쪽으로 진행하는 형태
O자형	초기에 두정부에 원형으로 탈모가 진행되어 점차 확대되는 형태
M+O형	전두부에는 M자형 탈모가 진행되는 동시에 두정부에는 원형으로 탈모가 진행되는 형태

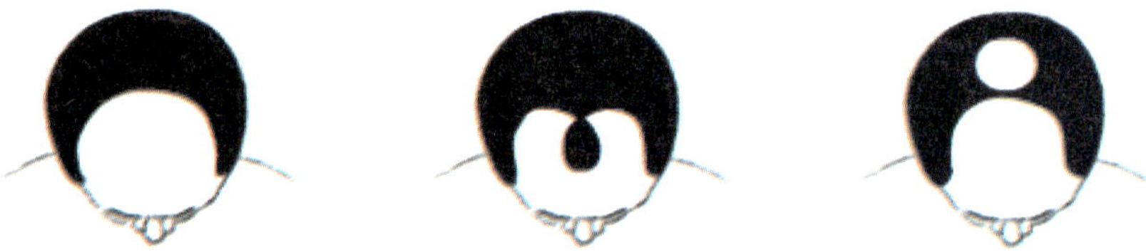

남성 탈모 진행과정

④ 남성형 탈모증의 진행과정

- 1단계 : 탈모가 없거나 앞머리 양측 부위에 약간의 탈모를 보이나 두발선(Face line)은 정상이다.
- 2단계 : 좌우 대칭으로 삼각 형태의 탈모가 관자놀이 부위에서부터 진행된다. 이러한 탈모는 두 귀를 연결하여 그린 가상선의 앞쪽 2cm선 이상으로 진행되지 않는다.
- 3단계 : 앞머리와 관자놀이 부위에 조금 더 깊은 탈모가 일어난다. 모발이 전혀 없거나 매우 듬성듬성 나 있다. 모발선은 2단계보다 더 뒤로 후퇴된다.
- 4단계 : 3단계에서보다 모발이 앞머리와 관자놀이 부위에서 조금 더 후퇴하고, 정수리 부위의 모발은 아예 없거나 매우 듬성듬성 나 있다. 모발띠가 머리 윗부분을 가로질러 남겨져 있어 머리 양 옆 모발이 있는 부분을 이어준다.
- 5단계 : 탈모가 증가한다. 정수리와 관자놀이 부위를 구분하는 모발띠는 더욱 가늘어지고 희박하게 된다.
- 6단계 : 모발띠는 사라지고 탈모된 두 부분이 서로 만나 하나가 된다.
- 7단계 : 모발 중에 남는 것은 오직 귀 앞에서 시작해 뒷머리 주변(후두부)으로 뻗어나간 좁은 모발띠뿐이다.

(2) 여성형 탈모증

① 남성의 탈모는 정수리 부근이나 관자놀이 부근에서 나타나지만 여성은 정수리 부근에서 탈모가 나타난다. 이때 앞머리가 둥글게 연모화하면서 머리 밑에 드러나기는 하지만 헤어라인의 경계를 벗어나지는 않는다.

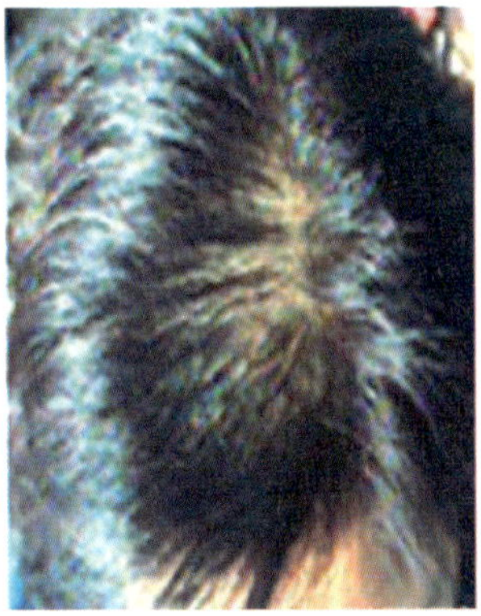

② 남성의 대머리는 경모가 연모화되면서 빠지게 되는 데 비해 여성은 경모가 연모화 상태에서 멈추는 것이 특징이다.

③ 여성들은 탈모를 유발시키는 남성호르몬인 안드로겐보다 여성호르몬인 에스트로겐을 많이 가지고 있기 때문에 남성들처럼 완전한 대머리가 되지 않는다.

④ 여성형 탈모증은 여성 안드로겐 탈모증 혹은 여성 미만성 탈모증이라고도 한다.

⑤ 여성호르몬이 남성호르몬의 기능을 억제해야 하는데, 체내 호르몬의 균형이 깨지면서 나타난다. 특히 심한 다이어트로 인해 안드로겐의 분비가 활성화되어 나타나게 되며 수험생처럼 스트레스가 과다한 상황에서 나타난다.

⑥ 이처럼 여성은 유전적인 요인보다 환경적인 요인에 의해 더 크게 좌우된다고 할 수 있다.

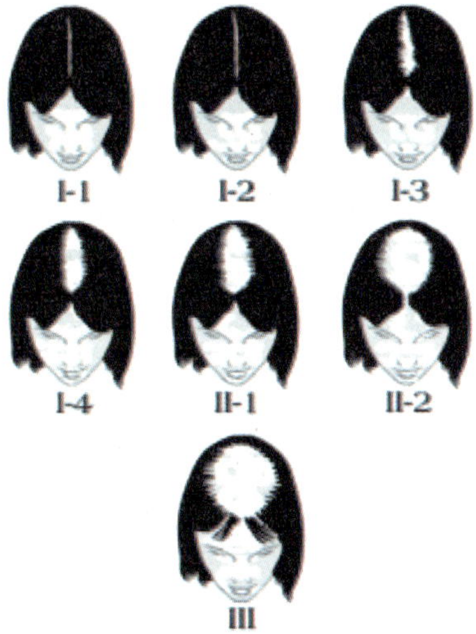

여성 안드로겐 탈모증

(3) 소아성 탈모증

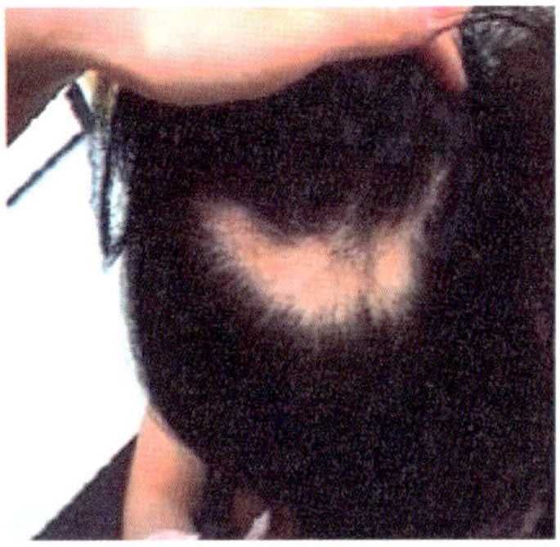

① 15세 이하 어린이 및 유아들이 스트레스나 갑상선 기능 이상으로 인해 탈모가 일어나는 것으로, 탈모가 생기는 부위는 후두부가 가장 많고 측두부, 두정부, 전두부순으로 나타난다.

② 머리카락이 갑자기 한 움큼씩 빠지기 시작하여 일주일을 전후해서 동전 크기의 원형탈모가 생기는데, 방치할 경우 탈모 범위가 점차 넓어지게 된다.

③ 어린이들의 과중한 학업과 과외 교육, 특기 교육으로 인해 생기는 스트레스는 정신 건강에 심각한 장애가 된다. 원형탈모를 갖고 있는 어린이의 경우에 불안 장애, 우울증, 신경증, 강박증, 거부 장애 등을 보여 정신적인 면과 밀접한 관계를 보여 준다.

(4) 원형탈모증

① 원형탈모증은 1군데 혹은 여러 군데가 원형의 탈모반이 발생하는 질환으로 단발성 원형탈모증, 다발성 원형탈모증으로 나눈다.

② 발병 당시에는 특별한 자각증상이나 국소적인 염증성 변화 없이 2~3㎝ 정도 크기의 원형 또는 타원형의 탈모반이 발생하는데 차츰 크기도 수도 증가된다. 나중에는 원형의 탈모 부분이 서로 연결되어 최종적으로는 두상 전체에 이르게 될 수도 있다.

③ 원형탈모증은 주로 두발에 발생하나 드물게 수염, 눈썹이나 속눈썹에도 생길 수 있다.

④ 원인으로는 정신적 스트레스, 유전적 인자, 국소 감염, 내분비 장애, 신경병변, 혈관 장애, 두피의 이상 현상, 영양 장애 등 여러 가지 요인이 제시되나 심리적인 원인, 즉 정신적인 스트레스나 욕구 불만 등에서 오는 교감신경의 긴장이 혈행 장애를 일으키기 때문이라는 설이 지배적이다.

(5) 지루성 탈모증

① 남성호르몬의 과잉 분비로 인한 피지 분비의 촉진으로 유분이 많은 사람에게 나는 탈모 증상을 말한다.

② 두피, 귀 뒷부분, 콧등 등의 과다 피지분비로 인하여 지루성 피부염에 걸리기 쉬우며 모근의 각화를 저해하여 지루성 탈모증이 생기기도 한다.

③ 처음에는 작게 시작되다가 점점 커지는데 심하면 홍반, 인설, 가피 등이 나타나다 증세가 심해지면 진물까지 흐르게 된다. 이처럼 지루성 피부염으로 인해 비듬균이 생기는 경우가 있는데 이것이 대머리의 원인이 될 수 있다.

④ 두피 부분에 비듬 등이 쌓여 누적되거나 염증이 동반되면 모발이 빠지게 되는데 지루성 피부염이 치료되면 자연적으로 탈모증상은 해결되며 두피의 더러움과 스트레스가 주원인이다.

(6) 휴지기 탈모증

① 휴지기 탈모증은 정상적인 곤봉모가 모낭의 자극이나 어떤 스트레스를 받아 성장 기간이 3년 내지 5년을 유지하지 못하고 중간에 휴지기로 바뀌게 되어 모발이 비정상적으로 많이 빠지는 것을 말한다.

② 출산, 유산, 피임제의 중지 혹은 다른 피임제로 바꾸었을 때, 수술, 손상, 단기간의 심한 식이요법, 고열을 동반한 질환 등이 원인으로 성장기에 있던 모근이 고열 자극 때문에 파괴되어 퇴행기를 거치지 않고 곧바로 휴지기에 들어가기 때문이다.

2) 세균성 피부병에 의한 탈모증

(1) 모낭염

① 붉은 반점과 모낭의 염증으로 인해 비듬이 산재해 있으며, 원인은 다양한 포도상구균으로 고름을 형성하면서 모발 피지선의 관에 의하여 모낭 깊숙한 곳까지 침투한다.

② 피부의 산성막이 파괴되거나 변질되어 병원성 미생물, 박테리아, 균류의 확산을 더 이상 저지하지 못하며 전염성이 매우 강한 질병이다.

③ 케라틴의 구조가 붕괴되므로 두피 근처의 모발이 부스러진다.

(2) 정다발증

① 붉고 아픈 작은 돌기로부터 시작하여 점점 커지며 터지면 고름이 나온다.

② 노란빛의 포도상구균에 의한 모낭의 감염으로 같은 부위에 몇 개월 혹은 몇 년간 반복해서 나타난다.

(3) 여드름

① 피지루에 걸린 사람의 모낭과 피지선이 포도상구균에 의해 감염되어 생기는 피부의 손상이다.

② 하얗고 가끔은 검은 점이 생기는 붉은 뾰루지가 솟는다.

(4) 기 타

기계총, 소포농진, 습란, 단독, 건선 등이 있다.

3) 내분비 이상에 의한 탈모

(1) 뇌하수체 기능 저하

뇌하수체 기능이 상실되어 일어나는 탈모로서 모발뿐만 아니라 액모나 음모가 없어져 버리는 경우도 있다.

(2) 갑상선질환에 따른 탈모증

① 갑상선질환에 따른 탈모는 남, 여 성별에는 거의 차이 없는 탈모 질환이다.

② 발생 연령은 약 30~60세 사이에 고르게 발병하는 편이며 대부분이 휴지기성 탈모증이다. 드물게 안구돌출증과 동반되는 증상을 보이기도 하며 갑상선 질환이 치유된 후 약 2~3개월 후에는 다시 모발이 자라난다.

4) 병적 요인에 의한 탈모증

(1) 약제성 탈모증

① 주로 약물에 의한 탈모로 항암제, 호르몬제 등의 부작용으로 화학 물질이 모발의 생성 발육 과정에 영향을 끼쳐 탈모 현상을 유발한다.

② 특히 항암제는 세포분열이 적은 조직은 거의 영향을 주지 않고, 세포 분열이 활발한 생식세포나 모모세포 등은 파괴되기 때문에 위축모를 만들게 되어 상당히 심한 성장기모성 탈모를 유발한다.

③ 피임제의 경우는 항암제의 작용과는 달리 호르몬 분비 및 밸런스에 이상을 가져와 생기는 것으로 남성형 탈모와 같은 형태로 모발이 탈락되는 특징을 지니고 있다.

(2) 매독성 탈모증

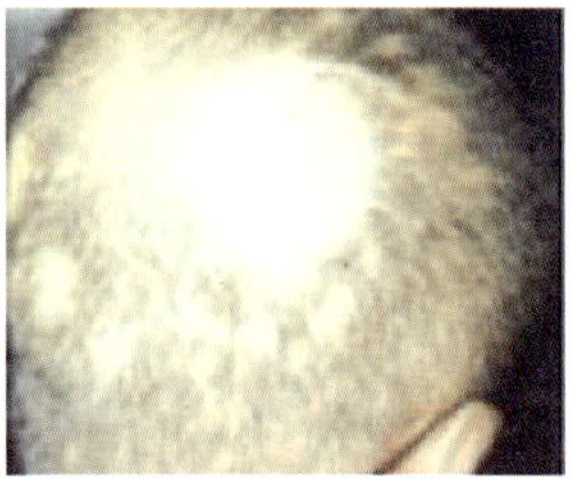

① 매독성 탈모증은 매독 감염 후에 발생하는 탈모를 말한다.

② 증상은 후두부나 측두부에 원형 또는 타원형의 작은 탈모가 발생하여 벌레 먹은 것처럼 보인다.

(3) 나병 탈모증

나병의 병원균인 나균이 피부 조직 내에 침투하여 모근을 파괴함으로써 나타나는 나병에 의한 2차적인 탈모증으로 눈썹부터 탈모되기 시작하는 것이 특징이다.

5) 기계적 요인에 의한 탈모증

(1) 정전기에 의한 탈모증

① 모발은 나일론 브러시 등으로 강하게 마찰하면 건조한 모발이 양전기를 띤다. 그 반면 모근부의 피부는 음전기로 대전되어, 모유두부가 양전기와 음전기의 접점이 되고 여기서 쇼크가 일어난다. 이 때문에 모유두에 염증을 일으켜 탈모가 일어나게 된다.

② 나일론 브러시에 의한 탈모는 가르마가 난 앞이마의 잔머리 부분에서 많이 볼 수 있다.

(2) 결발성 탈모증

① 머리를 한데 묶기 위해서 모발을 강하게 잡아당길 때 모근부에 가벼운 염증이 발생하는데, 이때 모유두부가 위축되어 빠지게 된다.

② 모발의 견인은 해당 모낭을 집단적으로 퇴행기 및 휴지기로 변하게 할 수 있다.

③ 탈모는 견인으로 상처받는 부위에 국한하여 나타난다.

(3) 압박성 탈모증

① 무거운 가발을 착용한다든지 수술 시 두부를 고정하고 난 후, 두피가 지속적으로 받은 압박에 의해 일어나는 탈모이다. 따라서 수술 후 탈모증이라고 불리기도 한다.

② 두피가 압박되어 영양이 제대로 공급되지 못하여 생기는 현상이다.

(4) 발모벽

① 자신의 모발을 잡아당기는 비정상적인 버릇으로 모발을 뽑는 정신증이다.

② 주로 10세 이하의 여아에서 많이 나타나는 것으로 알려져 있으나 중 고등학생 중에서도 호발하며 성인에서도 나타난다.

③ 대개의 경우 성격상 집착 강박성 인격인 경우가 많다.

(5) 반흔성 탈모증

모발의 근본 뿌리인 모근부가 외부로부터의 화상이나 외상, 세균 감염 등으로 인하여 모근 자체가 완전히 파괴된 상태로 더 이상의 새로운 모발이 생성되지 않는 탈모 유형이다.

(1) 반흔성 탈모

외부적인 외상이나 화상 또는 방사선 등의 원인에 의해 일어나는 탈모로 모근의 파괴에 의해 일어나는 탈모증이다. 모근과 모낭이 완전히 소멸된 상태로 상처가 아물어도 모발이 더 이상 자라지 않게 된다.

(2) 비반흔성 탈모

조직이 섬유화되지 않고 모낭도 그대로 보존되어 여기에는 남성형 탈모, 원형탈모, 여성형 탈모 등이 있다. 그러나 비반흔성 탈모도 질병이 계속되면 반흔성 탈모로 전환될 수 있다.

4. 모발과 호르몬

1) 호르몬의 기능

① 신체 내에 분비되는 호르몬은 몇십 종이 되나 각각 역할을 가지며 신체의 부조직의 세포가 하는 일을 돕는다.

② 미량으로도 큰 힘을 발휘하며 결핍되거나 과다하면 신체 상태의 이상을 초래한다.

2) 모발에 관련한 호르몬의 작용

① 모발과 관계 있는 호르몬은 뇌하수체, 갑상선, 부신피질, 성선(난소나 고환) 등에서 분비되는 호르몬이다.

② 뇌하수체 전엽에서 분비되는 호르몬은 성장호르몬, 갑상선호르몬, 부신피질호르몬, 성선호르몬 등이 분비되고 있다.

(1) 뇌하수체 전엽 호르몬(Anterior Pituitary Hormone)

① 대뇌 아래 위치하며 전엽, 중엽, 후엽으로 분류한다.

② 뇌하수체 전엽 호르몬이 모발에 관여하여 성장호르몬, 부신피질호르몬, 성호르몬 등의 분비를 지배한다.

③ 뇌하수체의 이상이 생기면 탈모가 일어나며, 뇌하수체 호르몬을 투여하면 모발 발육이 좋아진다는 실험 결과도 있다.

(2) 갑상선 호르몬(Thyroid Hormone)

① 갑상선 호르몬의 기능

- 요오드와 다른 물질로부터 호르몬을 만들어 혈관으로 내보내는 일을 한다.

- 인체에서 전체대사과정을 조절하여 균형을 유지한다.
- 신체를 구성하는 모든 세포의 신진대사를 촉진한다.

② 갑상선 호르몬과 모발

- 갑상성 호르몬은 모낭 활동을 촉진시키고 모발이 휴지기에서 생장기로 전환하도록 유도하며 모발의 길이를 증가시킨다.
- 반면에 갑상선 호르몬의 기능이 쇠퇴해지면 모발은 유연하며 가늘어지고 퇴화된다.
- 지나친 항진은 "바세도우씨병"과 같은 증상으로 오히려 탈모를 유발할 수 있다.
- 티록신(thyroxin) 분비 - 부신을 자극, 에피네프린 코티솔을 분비(부신 호르몬)하여 모낭 활동을 촉진, 휴지기에서 생장기로 전환을 유도, 모발의 길이를 증가시키고, 머리털과 몸의 털 모두에서 성장을 촉진한다.
- 에피네프린(epinephrine) - 부신수질에서 나오는 교감신경흥분제로 스트레스와 관련된 탈모에 작용한다.
- 코티솔(cortisol) - 부신피질에서 나오는 혈당증가호르몬으로 스트레스성 탈모에 관여한다.

갑상선 기능저하와 기능항진

① 갑상선 기능저하증(크레틴병)

추위를 많이 탐, 무력감, 몸이 붓고 피부가 거칠어짐, 행동이나 말이 느려지는 등의 기능저하, 변비, 체중 증가, 우울증 등

② 갑상선 기능항진증(바세도우씨병, 그레이브스병)

불면, 안구돌출, 축축한 피부, 설사, 갑상선종, 신경질, 체중 감소, 수전증, 소양증 등

(3) 부신피질 호르몬(Adrenal Cortical Hormone)

① 부신피질에서는 염분 대사와 관련된 호르몬, 당과 단백질의 대사와 관련된 호르몬과 남성호르몬도 분비되고 있다.

② 이 기능이 항진되면 여성은 다모증이 되는 경우가 있고, 특히 자궁과 난소의 이상으로

여성호르몬의 분비가 쇠약해진 경우는 강모가 발생할 수 있다.

③ 부신기능이 약해지면 염분대사가 정상적이지 않고. 부종이 생기거나 탈모를 일으킬 수 있다.

④ 코티솔(cortisol) - 부신피질에서 나오는 혈당증가호르몬으로 스트레스성 탈모에 관여

⑤ 에피네프린 (epinephrine) - 부신수질에서 나오는 교감신경흥분제로 작용하여 스트레스와 관련된 탈모에 작용한다.

(4) 성선호르몬

① 여성호르몬(Estrogen)

- 성선호르몬인 여성호르몬은 에스트로겐(난포호르몬)과 프로게스테론(황체호르몬)이 있으며 모발과 관련된 호르몬은 에스트로겐이다.
- 에스트로겐은 유방을 키우고 난소기능을 강화시킨다. 또한 남성호르몬인 안드로겐의 기능을 억제하며, 음모가 생기고 여성화되며 발모를 촉진한다.

② 남성호르몬(testosterone)

- 남성호르몬은 모발(이마와 정수리)의 발육을 억제하지만, 체모(턱수염, 코밑수염)는 반대로 남성호르몬이 그 발육을 촉진한다.
- 피지 분비를 촉진해 지루성이 되기 쉽고, 과잉 피지가 모근을 손상시켜 탈모를 가져온다.
- 테스토스테론은 5α-R와 작용해 DHT를 생성하여 일부 모낭을 위축시키는 역할을 한다.

성호르몬과 무관한 모발

눈썹, 속눈썹, 후두부, 팔꿈치 이하(전완부)의 팔, 무릎 이하의 다리

3) 안드로겐과 모발

① 남성호르몬은 부신 피질 및 성선에서 합성되어 분비된다. 대표적인 것이 테스토스테론(testosterone)과 DHT(dihydrotestosterone)이며, DHT가 남성형 탈모증을 일으키는

주요한 호르몬이다.

② 성호르몬의 형성과정에 5α-Reductase와 아로마타제(aromatase) 등의 효소가 관여한다. 성호르몬의 형성 과정은 사춘기 때의 테스토스테론(Testosterone) 및 DHT의 선택적 기능을 갖는다.

③ 테스토스테론은 근육량 증가, 음경 및 음낭의 성장, 음성 변화, 남성화 음모와 겨드랑이 털, 정자 형성에 관여하고 DHT는 전립선의 성장, 여드름, 성모 성장(수염, 팔다리, 몸통, 외측 귀, 코털), 앞머리선 후방 퇴축에 관여한다.

④ 테스토스테론은 남성화, 정자 형성과 같은 정상적인 남성 기능에 필수적이지만, DHT는 필수적인 것은 아니다.

(1) 안드로겐 수용단백질(Androgen Receptor Proteins)

① 안드로겐이 어떤 역할을 수행하기 위해서는 안드로겐을 받아들이는 안드로겐 수용단백질이 필요하며 이들의 결합에 의해 남성호르몬의 작용이 일어나게 된다.

② 안드로겐 수용단백질을 측정한 연구에 의하면 남녀 안드로겐성 탈모증(대머리) 환자는 탈모가 없는 후두부의 모낭에 비해 탈모가 있는 전두부(앞머리 부분)의 모낭에서 30% 이상 측정치가 높다.

(2) 5α-Reductase

① 5α-reductase에는 2종류(제1형, 제2형)의 동종 효소가 있으며 두 가지 모두 테스토스테론을 DHT로 변화시키는 호르몬이다.

② 1형, 2형 모두 남녀 안드로겐성 탈모증 환자의 외측모근초(outer root sheath)에서 발현되며 5α-reductase 제2형이 선천적으로 결핍된 사람에게는 안드로겐성 탈모증이 발생하지 않거나 앞이마선이 뒤로 조금 후퇴하는 정도가 된다.

- 제1형 : 피지선, 표피 및 모낭의 각질형성세포(keratinocytes), 모유두세포, 땀샘에 분포
- 제2형 : 두피 모낭의 모근초(root sheaths), 부고환, 정관, 정낭(seminal vesicle), 전립선, 태아 생식기의 피부에 분포

(3) 아로마타제(Aromatase)

① 테스토스테론(testosterone)은 아로마타제라는 효소에 의해 에스트로겐으로 전환된다.

② 아로마타제는 성호르몬 형성과정에서 여성호르몬인 에스트라디올(estradiol)과 에스트론(estrone)으로 전환시키는 호르몬으로 남성호르몬에 의한 탈모를 억제한다.

③ 아로마타제의 양을 측정한 연구에 의하면 안드로겐성 탈모증 환자의 모낭에서 여성이 남성에 비해 6배 정도 높다. 이 차이에 의해 테스토스테론이 에스트라디올과 에스트론으로 전환이 더 잘되고 테스토스테론에서 DHT로의 전환은 더 적어서 여성의 탈모가 남성보다 경미하고 앞 이마선을 유지하게 된다.

④ 남성에서의 지나친 탈모는 아로마타제가 부족함으로써 DHT의 생산이 많아지게 되는 것이 원인이다.

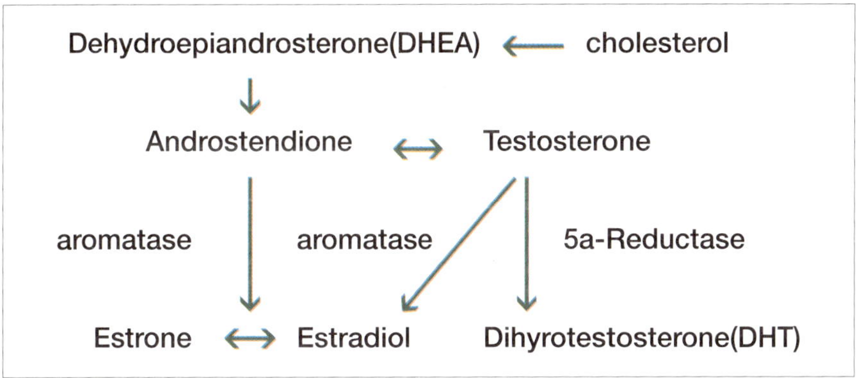

성호르몬의 형성과정

탈모와 호르몬

직접적으로 탈모를 일으키는 호르몬은 디하이드로테스토스테론(dihydrotestosterone, DHT)으로 알려져 있다. DHT는 테스토스테론에 5-알파 리덕타아제(5-α reductase)라는 효소가 작용하여 생성되는 대사 물질로 모낭 세포의 특정 부분과 결합하여 탈모와 연관된 일련의 변화를 일으키는 원인 물질이다. 또한 DHT는 모발의 생장 주기 중 생장기를 짧게 하고 휴지기를 길게 하여 생장주기를 거듭할수록 모발의 크기가 점점 작아지는 연모화를 촉진한다. 테스토스테론은 겨드랑이 털과 음모의 성장에 영향을 주고 있는 반면 DHT는 턱수염과 대머리에 영향을 미친다. 하지만 머리카락의 성장에는 영향을 미치지 않으며 머리카락의 탈모에만 영향을 미친다.

탈모가 일어나는 부분에는 5-알파 리덕타아제 효소의 활성이 높은데, 요즘 탈모증의 치료제로 사용하고 있는 프로페시아(propecia)는 바로 이 효소를 억제하는 작용을 하는 것이다. 여성들은 남성들에 비해서 5-알파 리덕타아제 효소를 절반밖에 안 가지고 있는 반면에 아로마타제(aromatase)라는 효소를 많이 가지고 있는데 이 아로마타제는 특히 앞머리의 모발선 근처에 많이 분포하고 있다. 아로마타제는 DHT의 생성을 억제하고 있어 여성들에게 탈모의 유형이 남성과는 다르게 나타나는 것이다.

1) 약물 치료 방법

(1) 프로페시아(Propecia)

① 프로페시아는 현재까지 나온 유일한 경구용 탈모 방지약으로 그 화학명은 피나스테리드(Finasteride)이다.

② 원래 남성 전립선 비대증 치료제로 개발되었는데 치료과정에서 털이 많이 나는 부작용을 역이용해서 만든 경구용 의약품이다.

③ 피나스테리드는 과거 수년간 프로스카(Prosca)라는 상품명으로 노년층의 탈모 치료에도 효과적이고 안전한 방법임이 입증되어 1998년에 미국의 식품의약청(FDA)의 인증 을 받아 사용되고 있다.

④ 이 약의 작용은 타입Ⅱ 5α-reductase 효소의 활동을 억제하여 DHT의 농도를 감소시킴으로써 탈모를 억제한다.

⑤ 프로페시아의 효과가 가장 높은 사람들은 탈모가 시작되었거나 약간 진행이 된 사람들로 주로 두정부에서 탈모가 일어나는 경우이다. 탈모가 어느 정도 진행된 경우에는 프로페시아만으로는 효과를 보기 어렵고 이식 수술을 받은 후에 보조적인 요법으로 약물치료를 하는 것이 가장 효과적인 치료 방법이다.

(2) 미녹시딜(Minoxidil)

① 미녹시딜(Minoxidil)은 말초혈관 확장제로서 처음에는 고혈압의 치료제로 사용되어 왔으나, 부작용으로 모발이 난다는 것이 밝혀진 후 탈모치료제로 사용되고 있다.

② 국소 미녹시딜 도포에 의해 안드로겐성 탈모증이나 원형탈모증 환자에서 두피 모발의 성장을 관찰하여 탈모증의 치료제로 사용되고 있다.

③ 미녹시딜은 사용 후 2~3개월이 지나야 효과가 나타나고 초기에는 모발이 빠질 수도 있으나 지속적으로 사용하는 것이 좋다.

④ 탈모에 대한 특별한 치료제가 없는 여성에게는 유일한 약물 치료제이며, 남성에게도 효과가 있다.

⑤ 미녹시딜은 2%, 3%, 5% 농도의 제품이 있으며 농도가 높을수록 효과가 커지나 부작용 또한 높아지므로 충분히 고려하여 선택하여야 한다. 2%, 3%는 남녀 모두가 사용할 수 있으나 5%는 남성만이 사용하도록 권장하고 있다.

⑥ 국내에서는 한미약품의 목시딜, 중외제약의 볼두민, 현대약품의 마이녹실 등이 있다.

⑦ 부작용으로는 체액지류, 전신의 다모증이 있으며 국소 도포 시 피부의 건조증과 피부 낙설, 국소 다모증 등이 있다. 또한 접촉성 피부염과 습진, 홍반, 인설 등의 부작용이 따를 수도 있다.

(3) 트레티노인(Tretinoin)

① 모발에 대한 성장 촉진 효과가 있으며 미녹시딜과 병용 시 좀 더 짙은 모발 성장을 유도한다.

② 미녹시딜과 트레티노인을 동시에 액상으로 도포할 경우에는 효과가 없으며 병용할 경우에는 미녹시딜액을 1일 2회, 트레티노인은 1일 1회 사용하고 사용 시간을 다르게 하여야 한다.

(4) 육모제(育毛劑)

① 발모제

- 모근부에 영양을 공급하여 모발이 자라게 하는 제품
- 프로페시아나 미녹시딜과 같은 의약품류에 해당하는 것을 말하며, 전문의의 처방을 필요로 한다.

② 육모제

- 두피의 혈액순환을 촉진시켜 탈모를 예방하는 의약외품이다.
- 모근 부위에 영양을 공급하여 모발의 성장을 도와주는 기능과 더 이상의 이상 탈모 현상을 막아주는 탈모 예방 기능의 제품이다.

- 일반적으로 사용되고 있는 외용제나 건강 보조 식품과 같은 복용 스타일의 제품이다.

③ 양모제

- 모근부에 영양을 공급하여 모발이 자라도록 하기보다는 가늘어져 있는 연모(軟毛)를 탄력 있고, 건강한 경모(勁毛)로 발전하도록 도와주는 화장품류에 해당하는 제품이다.

(5) 비듬 치료제

비듬은 두피 등 피부에 상존하는 '피티로스포룸 오발레(Pityrosporum ovale)'라는 비듬균이 과다하게 증식해 발생한다. 비듬은 심해지면 지루성 피부염으로 발달해 치료가 더 어려워진다. 비듬을 치료하기 위해서는 주로 약용 샴푸를 쓰는 것이 효과적인데, 샴푸는 비듬의 원인인 '피티로스포룸 효모균'의 증식을 근본적으로 억제해 그 수치를 정상수치로 줄여주는 역할을 한다.

대표적인 제품은 샴푸 타입의 항진균제인 한국얀센의 '니조랄(Ketoconazole)' 액과 코르티코스테로이드(Corticoterode)제인 GSK사의 '더모베이트(Dermovate)'액 등이 있다. 니조랄은 다른 비듬약에 비해 비듬균에 의한 비듬 및 지루성 피부염에 매우 효과적이다. 치료목적으로는 매주 2회 2~4주간, 예방목적으로는 1~2주마다 한 번씩 사용한다.

2) 수술 방법

(1) 모발 이식

모발 이식이란 탈모가 진행이 되어도 빠지지 않는 후두부 모발을 이용해 이식하는 방법을 말한다. 일반적으로 탈모인자를 가진 사람도 나이가 들어 탈모가 지속되어도 후두부와 측두부에는 높은 밀도의 모발이 유지되는 것을 볼 수 있다. 탈모를 유발시키는 인자가 후두부, 측두부 모낭에는 작용하지 않기 때문이다. 따라서 앞머리나 정수리에 후두부와 측두부의 모낭을 이식한다.

모발이식술의 종류

① FUT(Follicular unit transplantation) 방식: 모낭을 단위대로 이식하는 방법

② FUSS(Follicular unit strip surgery) 방식: 뒷머리 부분의 공여부를 한 번에 적출하여 모낭 단위로 분리한 후, 이식을 하는 전형적인 모발 이식 기술

③ FUE(Follicular unit extraction) 방식: 절개식 수술법(FUSS)의 가장 큰 문제점인 두피 절개에 따른 두려움을 개선하기 위해 개발된 수술법, 두피를 절개하지 않고 후두부 공여부에서 모낭단위로 한 모낭씩 모낭을 적출하는 방식

④ 로봇 비절개식 모발이식술: 모발이식용 로봇 아타스를 이용한 방법으로 모발 분포와 밀도 및 정확한 위치를 분석하고 로봇이 채취할 모낭을 자동 선별하고 정밀한 채취가 가능하다.

CHAPTER 05

두피 모발 관리를 위한 테라피

1. 아로마 테라피

1) 아로마테라피의 정의

아로마테라피란 방향요법(향기요법)으로 향을 의미하는 아로마(Aroma)와 치료를 뜻하는 테라피(Therapy)를 결합하여 만든 자연요법이다. 허브는 건강에 도움이 되는 향이 있는 식물로 허브에서 추출한 휘발성 정유로 심신을 치유하는 요법을 말한다.

아로마는 좋은 향기로 심신을 치유한다는 뜻이다. 아로마테라피는 3가지 경로로 피부를 통해서 흡수되거나 혈류를 통해서 후각신경을 자극하여 뇌의 변연계로 전달한다. 공기로 흡입 시에는 폐포 사이의 기체교환이 되고 표피를 통해서 진피로 통과하며 피부층에 유연성을 부여한다.

2) 아로마 오일의 종류

아로마 오일은 향이 있는 식물의 꽃, 줄기, 잎, 뿌리, 열매 등에서 추출한 오일을 말한다.(물에 녹지 않고 알코올에 녹으며 휘발성이 강하다).

3) 에센셜 오일

에센셜 오일은 증기증류법이나, 냉압착법 등에 의해 식물의 각 부위에서 얻어지는 방향성 물질로 탄화수소와 산소를 비롯하여 여러 가지 화학물질로 이루어져 있다. 고휘발성 물질로서 쉽게 증발하며, 오일을 종이에 떨어뜨려도 잔여물이 남지 않는다. 대체적으로 색조를 띠지 않으며 방부성이 있다. 세포의 재생과 성장을 도와주며 인화성 물질이다. 식물의 추출 부위에 따라 효능·효과가 달라지고 사용 방법도 달라진다. 에센셜 오일은 꽃, 잎, 나무, 열매, 과일 껍질, 씨, 잎, 수지, 뿌리 등에서 추출된다.

(1) 에센셜 오일의 종류

〈표 1-16〉 에센셜 오일의 특징 및 기능

	오일명	학명/추출법	원산지 및 음양구분	효능
1	BASIL 바질	Ocimum Basilicum 증류법	인도(양)	- 충혈된 피부 촉진 - 건강(기력) 회복 작용
2	BERGAMOT 버가못	Citrus bergamia 증류법	이탈리아(음)	- 불안감 해소 - 비관적, 부정적 생각을 긍정적으로 전환
3	BLACKPAPPER 블랙페퍼	Piper Nigrum 증류법	인도(양)	- 청결의 상징 - 신경과 마음 강화(두뇌에 영향)
4	BOIS DE ROSE 부아 드 로즈	Aniba resaeaodora 증류법	브라질(양)	- 피부에 영양공급 - 피부 세포 재생능력, 피부청결
5	CAJEPUT 카제풋	Melaleuca cajeput 증류법	인도네시아(양)	- 여드름 방지 - 운동선수의 발(회복, 강한살균, 방부)
	CAMPHOR* 캄퍼	Cinnamomum cardamomum	인도(양)	- 간전 조절, 불안감 해소 - 공기 정화작용
6	CARDAMON 카다몬	Elettaria cardamomum 증류법	인도(양)	- 강력한 최음, 회춘효과 - 남성에게 에너지를 줌
7	CHAMOMILE 캐모마일	Anthemis mixta 증류법	스페인(음)	- 우울함, 근심걱정 해소 - 진정효과
8	CEDARWOOD 시다우드	Cedrus atlantica 증류법	모로코(양)	- 급성의 질환보다는 만성의 질환에 효과
	CINNAMON* 시나몬	Cinnamomum zeylanicum 증류법	실론(양)	- 항우울 작용, 노화방지, 수렴효과
9	CLARY SAGE 클라리 세이지	Salvia scalarea 증류법	불가리아(양)	- 여성 생식기관 강화, 가슴 확대 - 주름방지, 성욕강화(최음작용) - 출산 시 고통완화 (라벤터, 자스민, 샌달우드, 제라늄) - 출산 후 질 수축, 두통·편두통 완화

	오일명	학명/추출법	원산지 및 음양구분	효능
10	CYPRESS 사이프러스	Cupressus sempervirens 증류법	스페인(양)	- 근육통과 일반적 피로 감소 - 심신의 활력 (근육활력을 되찾아 우유부단한 성격개조) - 호르몬 문제 및 난소기능을 강화
11	EUCALYPTUS 유칼립투스	Eucalyptus globulus 증류법	스페인(음)	- 피로감 해소 - 살균작용 - 산모 젖몽울(가슴앓이 시 온습포)
12	FENNEL 펜 넬	Foeniculum vulgare 증류법	스페인(양)	- 가슴에 탄력을 줌, 산모 배유량 증가시킴 - 신경계를 진정시켜 스트레스성 소화불량
13	FRANKINCENSE 유향	Boswellia carteri 증류법	아라비아(양)	- 노화 방지, 피부 탄력 - 피지 분비의 밸런스
14	GERANIUM 제라늄	Pelargonium graveolens 증류법	이집트(음)	- 피지선 자극, 피부결을 부드럽게, 안색정화
15	GRAPE-FRUIT 그레이프 프루트	Citrus paradisi 냉압착법	스페인(음)	- 여드름, 지성피부, 울혈피부에 유익 - 피부와 조직 강화
16	HYSSOP 히솝	Hyssopus officinalis 증류법	스페인(양)	- 정서적 고통 완화 - 원기와 힘을 불어넣어 준다.
17	JASMINE 자스민	Jasminum grandiflorum 압솔루트법	인도(음)	- 신경진정(소량), 흥분, 쇼크적(다량) - 정서에도 유익하며 자신감을 가져다줌
18	JUNIPER 주니퍼	Juniperus communis 증류법	스페인(양)	- 이뇨작용, 살균 소독효과 - 해독작용, 식곤증에 도움
19	LAVENDER 라벤더	Lavendula officinalis 증류법	스페인(음)	- 새로운 세포의 성장 촉진(모든 피부에 유익) - 피지 분비 밸런스(여드름, 습진, 탈모에 효과) - 화상, 상처회복(수술부위), 일광화상 진정

	오일명	학명/추출법	원산지 및 음양구분	효능
20	LEMOM 레몬	Citrus limon 냉압착법	스페인(음)	- 각질 탈락, 혈색을 좋게 함 - 손상된 모세혈관에 효과적
21	LEMON GRASS 레몬그라스	Cymbopogon citratus 증류법	인도(음)	- 세포의 재생기능과 피부를 팽팽하게 해줌
22	MARJORAM 마조람	Origanum majorana 증류법	이집트(양)	- 깊은 상실감에 도움 - 스트레스 완화, 마음 강화
23	MYRRH 몰약	Commiphor a myrrh 증류법	아라비아(양)	- 기억력이 쇠약해지고 무기력할 때 - 건강, 정신적 평화와 안정을 주는 영적인 오일
24	NEROLI 네롤리	Citrus auranitium. amara(f.l) 증류법	모로코(음)	- 독신자에게 행복감 만족 - 만성 우울증 - 마음 불안정, 만성적 스트레스 감소, 히스테리 감소 - 피부에 수분과 영양공급
25	ORANGE 오렌지	Citrus sinensis 냉압착법	이집트(음)	- 발한 작용, 피부 독소 제거(비만관리에 좋음) - 피부에 수분과 영양공급
26	PALMAROSA 팔마로사	Cymbopogon martinii 증류법	인도(음)	- 피부의 수분밸런스 유지, 피지 분비 촉진 (건성피부에 유익) - 피부세포의 갱신, 성장촉진, 충혈된 피부 완화
27	PATCHOULI 파촐리	Pogostemon patchouly 증류법	인도네시아(양)	- 피부세포의 성장 촉진, 여드름, 습진에 효과적 - 거칠고 주름진 피부에 도움 - 피부 탄력에 도움
28	PETI-GRAIN 페티그레인	Cirtrus aurantium 증류법	이집트(음)	- 진정작용, 리프레시 작용
	PINE* 파인	Pinus sylvestris 증류법	불가리아(양)	- 공기 정화기능 - 호흡기 질환에 효과적 - 신장정화, 방광염, 간염, 전립선 장애에 효과

	오일명	학명/추출법	원산지 및 음양구분	효능
29	MINT 민트	Mentha arvensis 증류법	인도(음)	- 림프와 혈액순환을 촉진, 울혈제거 작용 - 호흡기관 강화
30	ROSE 로즈	Rosa hybrida 증류법	불가리아(음)	- 에센셜 오일의 여왕 - 정서 완화 작용 - 여성적이고 화려하고 성적이고 관능적
31	ROSEMARY 로즈마리	Rosmarinus officinalis 증류법	스페인(양)	- 젊음과 장수를 촉진, 심신에 활력
	SAGE* 세이지	Salvia officinalis 증류법	스페인(음)	- 우울한 마음을 달래주는 작용
32	SANDAL WOOD 샌달우드	Santalum album 증류법	인도(양)	- 신경의 긴장과 불안을 덜어줌 - 과거와의 연결고리를 끊어주는 역할을 함
33	TEA TREE 티트리	Melaleuca alternifolia 증류법	호주(양)	- 세포 재생기능 - 살균, 소독 기능(여드름)
34	THYME 타임	Thymus vulgaris 증류법	스페인 (양)	- 에너지를 충전시켜 주며 정신, 육체를 강화
	VETIVER* 베티버	Vetiveria zizanoides	자바(음)	- 진정작용, 강장작용, 소독작용
35	YLANG YLANG 일랑 일랑	Cananga odorata 증류법	자바 (음)	- 피부유연 작용, 피지 분비 조절 - 두피관리에 효과적

*는 임산부, 아이 주의 표시

(2) 에센셜 오일 추출법

① Distillation(증류법)

꽃, 줄기, 껍질, 씨, 풀 등 채유한 식물을 그대로 또는 건조시킨 것을 수증기를 불어넣어 수증기와 함께 정유를 유출하는 방법이다. 가장 보편적이고 경제적인 방법으로 대부분의 방향성 물질로부터 향을 추출할 때 사용된다.

증류성분의 끓는점은 대개 150~300℃ 정도이며 수증기 증류법을 이용할 경우 그 성분들은 실제의 끓는점보다 낮은 온도에서 증류된다. 따라서 향료성분이 분해되거나 변질되는 것을 막는다. 증류법으로 추출한 정유를 에센셜 오일이라고 한다.

② 용매 추출법(Extraction)

자스민, 바이올렛, 히아신스 등 열에 불안정한 화정유는 수증기 증류를 하면 정유성분이 분해, 중합, 수지화되므로 증류법으로는 채유할 수 없다. 또 정유 성분 중 어떤 것은 물에 용해되어 채유율이 심하게 저하되는 경우가 있다.

일반적으로 석유에테르나 벤젠, 헥산 등의 용매를 이용하여 추출하는 방법으로서 자스민과 같이 열에 약하고 단기간에 그 엑기스를 추출하기 어려운 경우에 사용한다.

③ 압착법(Expression)

추출 과정에서 열이나 특정 용매를 가하지 않는 압착법은 열에 불안정해 저온에서 처리해야 하는 레몬이나 감귤류 등의 껍질로부터 향을 추출할 때 주로 사용되는 방법이다. 레몬, 오렌지, 버가못, 그레이프프루트 등에서 정유를 추출하는 데 쓰인다.

증류법이나 추출법으로 얻어지는 정유는 본래의 향과 다소 차이가 있으나 압착법에 의해 얻어지는 정유는 본래의 향을 그대로 담고 있다는 장점이 있다.

(3) 에센셜 오일 사용 시 주의사항

① 아로마 에센셜 오일을 마시지 말 것(원액)

② 에센셜 오일을 희석 없이 피부에 사용하지 말 것

③ 눈, 귀 질환에 직접 사용 금물

④ 에센셜 오일 사용량을 지킬 것

⑤ 임신 중이나 고혈압, 간질병, 심장질환이 심한 사람은 특정한 에센셜 오일은 사용금지
⑥ 어린이 손에 닿지 않는 곳에 보관할 것

4) 두피에 사용하는 에센셜 오일의 종류

① **라벤더** : 가장 널리 사용되는 에센셜 오일로 항염, 살균, 진정, 건성, 지성피부 등 모든 피부에 적합하며 진정과 이완 불면증, 불안증, 천연방부, 통증, 상처치유, 세포성장 촉진
② **유칼립투스** : 진통, 항감염, 항바이러스, 근육통증, 기침, 감기에 효과적이며 알르레기성 비염 등의 호흡기 장애에 널리사용
③ **버가못** : 우울한 마음에 안정과 위로, 여드름, 뾰루지, 비뇨기계
④ **페퍼민트** : 기분을 상승시켜 주며 새로운 활력과 생기를 부여한다. 소화 촉진, 호흡기 장애, 두통에 효과적, 항균, 최음호르몬, 자궁수축 완화, 집중, 우울증 극복, 기관지염 완화
⑤ **티트리** : 과도한 흥분조절, 살균·소독작용, 바이러스 감염, 여드름, 뾰루지에 사용
⑥ **로즈마리** : 집중력과 기억력을 강화시키며 정서완화, 주름완화, 모발관리 효과
⑦ **일랑일랑** : 피지분비 조절, 피부유연 작용으로 두피관리에 효과적, 살균, 안정, 진정, 발기부전, 불감증
⑧ **샌달우드** : 비뇨생식기 방광염, 통증, 여드름과 건성 피부 습진
⑨ **레몬** : 항빈혈, 항박테리아, 항감염, 혈액순환, 자신감과 활력강화, 피부 각질 제거
⑩ **제라늄** : 항균, 항염, 살균, 여드름, 포진, 설사, 정맥류, 우울증 안정감, 생리전 증후군 증상
⑪ **펜넬** : 진통, 항균, 항염증, 살균, 이뇨, 생리, 에스트로겐 효과, 호흡강장, 폐경기, 난소에 좋음. 임신 7개월 전에는 사용금지

5) 캐리어 오일

캐리어 오일은 에센셜을 피부에 효과적으로 흡수시키기 위한 베이스 오일로 피부 흡수력이 뛰어난 성질을 이용, 피부관리 시 신체 내로 단시간 안에 흡수를 도와주는 100% 식물성 오일이다.

〈표 1-17〉 캐리어 오일의 종류

종류	특성	적용
맥아 오일	- 밀의 씨눈에서 추출물, 담황색 투명한 색깔, 무겁고 강한 냄새 - 항산화 효과가 뛰어나 다른 오일의 보존제로 사용	건성, 노화, 습진
아몬드 오일	- 아몬드 종자에서 추출	습진, 가려움증, 건성, 거친 피부, 조기 노화피부
살구씨 오일	- 살구씨에서 추출	노화, 민감, 건성, 여드름
아보카도 오일	- 아보카도나무의 열매에서 추출 - 지방함유량이 풍부하여 침투력이 뛰어남	건성, 탈수, 습진
호호바 오일	- 쉽게 산화되지 않고 열 안정성이 좋아 변질되지 않아 보존기간이 길다. - 구조가 피지와 유사하여 피부에 쉽게 흡수됨	모든 피부
달맞이유	- 달맞이(월견초)의 열매에서 추출 - 감마리놀렌산(필수지방산)이 풍부	아토피 피부염, 습진, 건성, 여드름
그레이프씨드 오일	- 포도씨에서 압축해서 추출 - 무향, 침투력 우수, 가벼운 느낌	지성, 여드름피부, 모든 피부
마카다미아넛 오일	- 피부 흡수율이 좋고 가벼운 오일	건성, 노화
참깨 오일	- 항산화제가 다량 함유 - 반드시 냉압착으로 얻어진 오일 사용	건성, 노화

6) 아로마 에센셜 오일의 사용방법

아로마에센셜 오일의 사용방법에는 흡입법, 마사지, 경구투여의 경로 등이 있다.

① **흡입법** : 아로마향이 흡입을 통해 후각신경을 타고 대뇌변연계로 직접 신호를 전달하여 자극됨으로써 정서적 안정을 찾고 호르몬 분비가 활성화되어 신체적 기능이 균형을 잡는다(두피관리 실내 아로마향을 피워 시너지 효과를 본다).

② **램프확산법** : 실내공간에서 사용, 심신안정과 공기정화 방향시간은 1회 2~3시간으로 한다.

③ **건식흡입법** : 타월요법, 티슈 사용

④ **스프레이 분사법** : 증류수나 알코올에 응용해서 사용

7) 아로마 두피마사지

아로마 두피마사지를 통해 포인트점을 찍어 놓고 대뇌 촉진과 독소 배출을 용이하게 한다.

① 신진대사를 원활하게 하고, 노폐물 독소배출로 두피가 청결하게 된다.

② 모낭에 산소와 영양을 공급하여 세포분열을 활성화시킴으로 탈모를 예방하고 모발의 손상을 개선한다.

③ 혈행을 도와 진피층, 모유두에 산소와 영양분을 공급한다.

④ 림프순환을 촉진시켜 독성물질의 배출을 용이하게 한다.

⑤ 에센셜 오일의 살균효과 및 인체호르몬 기능 조절작용 등을 통해 건강한 두피로 만든다.

8) 아로마 에센셜 오일 사용 시 주의사항

① 몸상태가 좋지 않을 경우 주의한다.

② 성분을 잘 확인하고 정해진 용량과 상황에 맞게 처방한다.

③ 원액을 절대 사용하지 않는다.

④ 민감성이나 예민성피부일 경우는 반드시 사용 전에 패치테스트(귀밑 24시간)를 한다.

⑤ 임산부와 3세 이하 어린이는 사용을 금한다.

⑥ 임산부는 3개월 이후 전문가와 상담을 한다.

⑦ 홍반 피부병변 시 의사와 상담한다.

⑧ 감광작용이 있는 오일은 낮에 사용을 금한다.

⑨ 복용은 회사별로 다르므로 확인 후 사용한다.

⑩ 원액이므로 눈 주위나 민감부위 사용에 주의할 것

⑪ 아로마 오일은 빛과 열에 약하므로 서늘한 곳에 보관한다.

⑫ 개봉 후 1년 이내에 사용토록 한다.

9) 아로마 마사지 순서

① 릴렉싱 오일을 손끝에 바르고 포인트점에 바른다.

② 관자놀이, 미간, 명치, 목과 쇄골 사이와 목근육, 어깨근육을 마사지해 준다.

③ 고객의 목포인트와 어깨 몇 군데에 바른다.

④ 고객의 두피, 목주변 근육을 천천히 릴렉싱해 준다.

⑤ 어깨와 팔을 스트레칭해 준다.

⑥ 후두부 포인트의 두피 끝지점을 지압해 준다.

⑦ 목 스트레칭을 전후좌우로 해준다.

⑧ 관자놀이, 정중선 부근을 손바닥으로 비벼 머리 얼굴에 닿지 않도록 기운만 준다.

⑨ 모발은 타입별로 샴푸 후 아로마 트리트먼트로 영양을 도포하고 15분 후 헹군다.

2. 아유르베다 테라피

1) 아유르베다의 정의

아유르베다는 인도에서 5천년 전에 쓰인 문서에도 질병치료나 예방, 인도 문화와 깊이 연관되어 있다. 철학과 심신의 전통적 기반을 수반하는 아유르베다는 "생명의 지혜"라는 의미로 우리몸의 밸런스가 깨질 때 통증이나 질병이 생긴다는 전신의학적 원리에 근거 도샤라는 세 가지 에너지 바타 피타 카파를 설명하는데 각 고유의 특성과 효능을 가진다. 인간의 모든 정신적, 신체적, 감정적 기능을 이 세 가지 도샤에 의해 조절된다.

(1) 차크라계(에너지의중심 7개)

우리몸의 주요 차크라는 7개이며 각각의 기능과 특징이 있다. 차크라는 맨아래부터 머리 꼭대기까지(정수리) 길게 되어 있다. 각각의 차크라는 몸속의 기능 부위와 연결되어 관련이 많다. 각각 다른색으로 표현되고 상호 작용을 한다.

(2) 차크라에너지의 기능

사람의 몸에서 나오는 파동이 있다 '오라'라는 에너지장으로 들어가서 건강한 사람은 오라가 커진다. 에너지가 다운되었을 때 하고 다르다. 차크라계를 잘 이해하면 고객의 마음과 몸을 읽어 고객을 감동시킬 수 있고 헤드마사지를 효과적으로 할 수 있다.

2) 아유르베다의 두피관리

(1) 헤드마사지

인도 여성들은 항상 굵고 윤기나는 검은 긴머리를 선호하며, 오일로 헤드마사지를 하고 모발에 영양을 주고 빗질을 한다든가 특별한 관리를 한다. 이처럼 아유르베다의 건강관리 비법은 매우 광범위하다. 헤드마사지는 도샤를 안정시키는 데 특정 오일과 허브를 사용하여 바타 쪽이 불균형해지면 건조해지기 쉬운 두피(모발)에 영양 공급을 해준다.

요가, 명상, 해독요법, 식이요법, 운동, 허브테라피 등이 일상화되어 있고, 헤드마사지는 1주에 1~2회 신체조직의 균형을 회복시키고 유지하기 위한 방법으로 적극 권장된다. 헤드마사지는 심리적으로 안정을 주어 스트레스를 완화시키고, 머리로 혈액의 공급과 산소공급을 증가시켜 정신기능을 원활하게 하므로 신중함과 집중력이 높아진다.

또한 차크라를 통해 기의 조화에 도움을 주고, 심신의 평안과 균형감을 얻게 한다. 헤드마사지를 잘 받고 나면 '몸이 풀렸다', '머리가 맑아진다' 어떤 고객은 '웃음이 나온다', '세상이 달라보인다', '가벼워졌다' 등 행복한 소리를 많이들 하신다. 헤드마사지(오일테라피)를 고객에게 해드리면서 기의 중심을 느끼게 되며 특히 차크라 부근에 하게 되면 효과가 좋다는 것을 더 잘 알게 된다.

헤드마사지에 있어서 3개 중요 부위(목차크라, 미간차크라, 정수리차크라)를 특히 더 신경을 써야 하며, 고객의(고객관리차트) 상태와 상황에 맞는 오일 브랜딩한 것을 포인트점에 찍고 제품과 실력으로 고객에게 성심껏 다가가야 한다.

① 헤드오일마사지 기본법

쓰다듬기 - 비벼 문지르기 - 누르기 - 두드리기 - 당기기 - 주무르기 - 비틀기 - 잡기

② 헤드마사지 고객관리 순서

- '고객님 헤드마사지를 해드리겠습니다. 편안하게 심호흡을 하시면서 릴렉션하세요'라고 말씀드린다.
- '고객님 혹시 마음에 안드시면 말씀해 주십시오'라고 한다.
- 목차크라는 어깨로 이어지는 주요부위로서 소통이 되고 특히 여성의 중요부위와 연관되어 기가 나오는 부분이기도 하기에 더 중요하게 여겨야 할 부분이다.
- 미간차크라는 이마와 눈썹 중간에 위치한다. 기가 나오는 점은 눈, 관자놀이, 이마 등 두개골 후두부 부근으로 뇌하수체 호르몬계와 신경계의 기를 관장한다.
- 정수리차크라는 머리 꼭대기에 위치하고 있다. 이곳의 기는 머리와 반사지점에 있다. 정신과 의식과 영적인 것과도 관련이 많다.
- 마사지가 끝나면 손을 천천히 살짝 힘을 빼고 뗀다. 고객에게서 오라를 느낄 수 있다.

- 차크라는 균형이 잡히고 기의 흐름이 원활해지고, 육안으로 봐도 헤드마사지의 효과가 뛰어나다는 것을 보고 느낄 수가 있다.
- 마사지가 끝나면 고객에게 '헤드마사지는 어떠하셨는지요?'라고 물으며 피드백을 받는다.
- '헤드마사지가 부족하거나 불편한 것이 있으셨다면 다음에는 더 성심껏 헤드오일마사지를 해드리겠습니다. 감사합니다' 하면서 카운터로 동행해드린다.

(2) 시로다라

시로다라라는 의식은 심신을 안정시켜 주는 전통 아유르베다 요법의 일부이다. 이마 위에 도기 그릇을 설치하며 이마에 따뜻하게 제조한 약용오일을 부어주는 방법이다.

① 시로다라 시술방법

이 시술에서는 토기 그릇을 걸 수 있는 시로다라 스탠드와 가운데 구멍이 있고, 그 구멍에 줄이 달려있는 토기그릇을 사용한다. 줄은 이마로부터 4인치 위의 높이에 달려있다. 시로다라는 따뜻한 약용오일을 45분 동안 떨어뜨린다. 이 시술은 정신적인 작업을 많이 하고 있는 사람들의 스트레스를 풀어주는 데 가장 효과적이다.

② 시로다라 시술효과

- 시간이 지나면서 뇌에 더 많은 영양분과 산소를 공급함으로써 뇌 속의 혈관을 팽창시킨다. 이런 과정을 통해 지치고 나약해진 세포가 원기를 회복하고 신경계통의 개선이 이루어진다.
- 두통과 불면증을 치료하는 데 도움이 되며 혈액순환을 촉진시키고, 스트레스와 긴장을 풀어준다.
- 정신질환, 머리와 눈 관련 질환, 만성 감기나 축농증, 귀와 입질환에 효과적이다.

3. 경락마사지

1) 경락이란

경락이란 체내에 흐르는 기의 통로로, 내부 장기와 연결된 인체의 생리적, 병리적 현상을 표현하는 영역이다. 모든 경락은 대칭을 이루고, 상대적으로 에너지를 순환시키며, 이것은 마음의 상태와 직결된다. 동양의학에서는 생명 에너지가 이어져 있는 선을 일러 경락이라 하며, 생명에너지선상에 막힌 곳이 생길 경우 이를 질병이라 한다. 따라서 질병을 치료한다는 의미는 그 선을 따라 급소를 자극함으로써 막힌 곳을 뚫어 주는 것을 말한다.

동양의학은 인체 내에 현상으로 존재하는 장과 부는 물론 외부의 자연현상에 의해 상호반응하고, 기혈이 운행되는 동양고유의 사유체계에 의한 생리적, 병리적 기능을 가진 노선이다. 노선상에 위치한 특정한 점(경혈)을 통해 침이나 뜸을 뜨기도 하며, 지압이나 마사지 등을 통해 병변을 다스리기도 한다.

경락은 경맥과 락맥의 총칭이다. 내부로는 장부에 속하고 외부로는 체표에 분포하여 전신 구석구석까지 그물망처럼 퍼져 있다. 경락은 생명활동의 기본적인 물질인 기, 혈이 운행되는 통로이며, 생명활동을 유지시킨다. 경은 경맥으로 '작은 길'이란 의미를 가지고 있으며 경락계통 가운데 종행하는 간선이고, 락은 락맥으로 '그물망처럼 얽혀있다'라는 의미이며 경맥의 지선으로 횡행하며 전신에 분포되어 있다. 경맥과 락맥이 서로 합쳐져 하나의 완성된 경락을 이룬다.

경락을 잘 이해하면 질병의 경로를 보다 잘 이해할 수 있고 문제를 정확하게 해결할 수 있는 기초가 된다. 예를 들어 반사점을 치료했는데도 통증, 염증, 혹은 다른 증세가 만족스러울 정도로 개선되지 않을 경우 환자의 몸을 지나는 경락을 살펴보고 그 경락에 연결되어 있는 기관의 반사점을 치료하도록 한다.

경락은 우리 몸 전체에 퍼져 있다. 경락은 자유로이 흐르는 것이 고무색이며 비세포질 액체

이면서 부분적으로는 심장에 의해 움직인다. 중국 의서에 의하면 기 에너지는 경락 주위를 낮에 24회, 그리고 밤에 24회 순환한다. 감각 면에서 보면 몸 전체를 순환하는 경락은 하나뿐이며 나머지 다른 경락들은 그 위치와 기능별로 작용한다. 주요 경락은 12개인데 이들은 각각 짝이 있으므로 총 24개의 에너지 경로가 있다는 것이다. 각 경락마다 연계된 특정 기관이 있으며 바로 거기에서 경락의 이름이 결정된다. 또한 해당 기관과 경락 사이에는 특수한 상호 관계가 존재한다.

피부미용은 경락을 이용한 피부미용의 관리방법이 주된 사상(思想)이다. 우리 인체의 외모는 유기적 정체(有機的 整體) 현상의 주요 일부분이다. 건강한 외모와 쇠약해진 외모는 장부, 경락, 기혈과 밀접한 관계의 표출이다. 장부, 경락기능이 정상이고 기혈이 왕성하면 항상 청춘 같은 젊음을 유지할 수 있다. 그러므로 근본적인 피부미용 방법은 먼저 장부를 보호하고 경락의 기혈이 원활하게 수통함에 있다.

미용의 치료방법에서 특히 강조할 부분이 있다. 정체관념에서 출발하여 장부기혈을 자양, 보하고 강한 신체를 가짐으로 건강과 피부미용은 서로 보좌하면서 이루어진다. 이렇게 인체의 조화로움을 이룬 상태에서의 건강한 미, 자연적인 미가 바로 진정한 미라고 할 수 있다. 인간이 신체가 강건하지 못하여 정신력과 정력이 왕성하지 못하면 장부, 기, 혈이 정상적인 기능을 발휘하지 못하여 피부, 즉 외모에 이상 현상이 나타나게 된다. 반대로 신체가 건강하고 장부기혈이 정상적인 기능을 다하는 인간은 얼굴색이 붉고 광택이 나며 정신이 맑아 항상 젊음을 유지한다. 현대피부미용방법에는 경락을 이용해 국부 피부에 영양을 공급함으로써 아름다운 외모에 도달하는 법이 있다. 효과 면에서 안정적이고 지속성을 유지한다. 경락피부미용은 바로 이런 점을 중시하므로 경락을 이용한 피부미용이 점점 더 발전해 나가고 있는 이유다.

피부미용이 성행하는 요즘에는 사람들이 스스로에 만족하지 못하여 지방을 제거하고, 분을 바르고 얼굴을 장식하는 등 어떻게 하면 지금보다 더 나은 외모를 유지할까 많은 관심을 가지고 있다. 피부미용 대상은 여자뿐만 아니라 남녀노소 가릴 것 없이 모든 사람의 관심거리이다. 외용 화장품의 개발로 지금까지 인간의 미에 대한 욕구를 충족해 왔지만 시대가 발전하고 인간의 요구가 점점 커질수록 화장품만으로는 부족함이 많다. 인간의 요구는 보다 많은 효과를 나타내는 방법을 원하는데 이에 적합한 것이 바로 경락을 이용한 피부미용이다. 경락을 이용한 피부미용은 각종 질병을 치료할 뿐만 아니라 질병에 대한 방어능력을 키워 건강한 신체를 이루게 한다. 즉 질병이 있는 신체에 경락을 이용하면 인체의 저항력을 증강시키고 건강회복을 촉진시켜 병이 없는 신체를 만들어 아름다운 용모를 유지하게 하고 정신을 맑게 해준다. 이처럼 많은 작용을 하는 경락을 이용한 시술은 남녀노소 누구에게나 적용할 수 있다.

① 경락은 관계되는 장부와 기체에 작용한다.

인체의 오장육부, 사지, 피부, 근육, 진액, 골 등의 모든 조직기관은 다른 생리기능을 가지고 있지만 인체의 내외상하로 협조하고, 통일된 하나를 이루어 유기적 정체를 이룬다. 이처럼 모든 조직기관의 상호관계, 유기적 배합은 경락계통 작용의 실현이다. 경락이 종횡으로 교차하고 안팎으로 분포되고 상하로 통하게 되어 관련되는 장부기관을 연결, 연락할 뿐만 아니라 근육, 피부에도 연결하여 인체의 각 조직기관을 하나의 유기적 관계를 이루게 한다.

② 기혈의 운행으로 인체에 영양분을 공급한다.

인체의 각 장부조직기관은 균일하게 기혈의 온양, 유연작용이 유시되어야만 정상적인 작용을 한다. 기혈은 인체 생명활동의 기초물질이며 반드시 경락을 통해 이동되어 전신에 분포됨으로써 각 장부조직기관에 영양분을 공급하여 정상적인 지체를 유지시킨다. 즉 경락은 기혈을 운행시켜 음양을 조절하고 전신에 영양분을 공급하는 작용을 가지고 있다.

③ 경락은 외사 방어, 지체 보호 작용이 있다.

경락은 능히 기, 혈, 영, 음, 양을 운송시킨다. 영기는 맥 중에서 이동되고 위기는 맥 바깥쪽에서 운송되어 전신에 영기와 위기가 분포하게 하므로 지체의 방어능력을 강하게 한다. 그러므로 외사 방어와 지체 보호하는 작용을 하게 된다.

④ 경락은 병리상의 작용을 하며 전달하는 경로가 된다.

몸이 허약하고 외사가 침입하는 상황하에 경락은 병사를 전달하는 경로가 된다. 체표에 병사가 침입할 때 경락을 통해 표에서 리로, 얕은 곳에서 깊은 곳으로 이동시킨다. 예를 들면 외사가 체표에 침입하면 초기에 발열, 오한, 두통 등의 증상이 나타난다. 폐는 피부를 주관

하므로 경락을 통해 폐에 전달되면 기침, 흉통 등 폐의 병증이 나타나게 된다.

경락은 장부 간, 장부와 체표조직기관 간의 병변을 상호영향이 미치게 하는 경로이다. 예를 들면, 심장에 병이 생기면 소장에 영향을 미치고 위장에 병이 생기면 비장에 영향을 주게 된다. 이는 장부의 병변 경락을 통해 전달되어 상호 간에 영향을 주게 된 결과로, 내장 병의 변화를 경락을 통해 체표조직기관에 전달되어 반응하게 된다. 신에 병이 생기면 요통이 생기고, 심에 열이 있으면 혀에 생창이 발생하는 등의 예를 통해 볼 때 경락은 병사를 전도하는 경로이다.

2) 경혈

경락이 통과하는 선상에 치료효능과 병리반응이 나타나는 기의 흐름을 조절하는 곳으로 진단처 및 치료점이라 한다. 일명 정혈로 정혈은 십사경락의 경로에 있으며 내경에는 349혈을 정하였고, 침구대성에서는 359혈이 나타나 있다. 현재는 361혈이 쓰이고 있으며. 정혈이외에 신혈, 기혈, 아시혈이 있다.

① 원혈 : 자연 치유력(원기)을 증진시키는 곳

② 극혈 : 급성병, 기혈이 가장 많이 모이는 곳

③ 낙혈 : 만성병, 경락과 경락을 연결하는 분기점

④ 모혈 : 경락의 음기가 모이는 곳, 흉, 복부에 위치, 관련 장부와 가까이에 있음

⑤ 유혈 : 경락의 양기가 모이는 곳, 척추방향에 위치, 관련 장부와 가까이에 있음

3) 두피 경락

(1) 두피혈점

① 신정 : 이마의 중앙, 머리가 나기 시작한 정중앙점

② 백회 : 머리의 정수리

③ 두유 : 머리 양가모서리 각진 부위에서 1.5cm 올라간 곳

④ 아문 : 뒷머리 중앙의 머리가 나기 시작하는 부위의 오목한 곳

⑤ 풍지 : 목뼈의 좌우 양쪽 근육의 바깥 움푹 팬 곳

⑥ 천추 : 뒷머리 아문의 풍지 중간에 위치

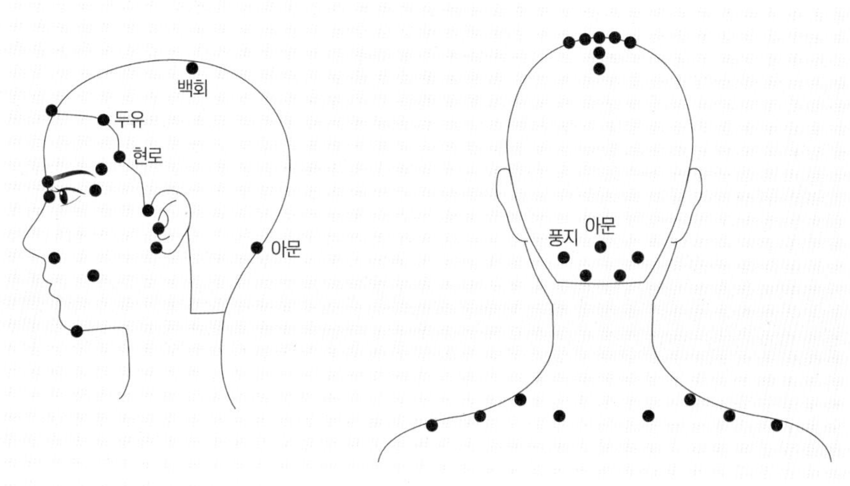

(2) 얼굴 혈점

① 승장 : 입술 바로 아래턱 부위의 중앙선상에서 약간 들어간 부위

② 지창 : 입을 다문 상태에서 입 양옆의 약간 들어간 곳

③ 하관 : 귀 앞에서 코 쪽으로 약 1.5cm 부위의 약간 들어간 곳

④ 영향 : 코의 양옆 주름 있는 부위의 중앙

⑤ 거료 : 광대뼈 바로 아랫부분

⑥ 찬죽 : 눈썹의 앞머리 시작점

⑦ 태양 : 눈과 눈썹의 바깥쪽을 연결한 중앙부위에서 바깥으로 약 1.5cm 부위

⑧ 정명 : 눈의 안쪽으로 약간 들어간 부위

⑨ 인당 : 양 눈썹 끝을 가로로 연결한 선의 얼굴 중앙부위

⑩ 인중 : 코와 윗입술의 중앙부위

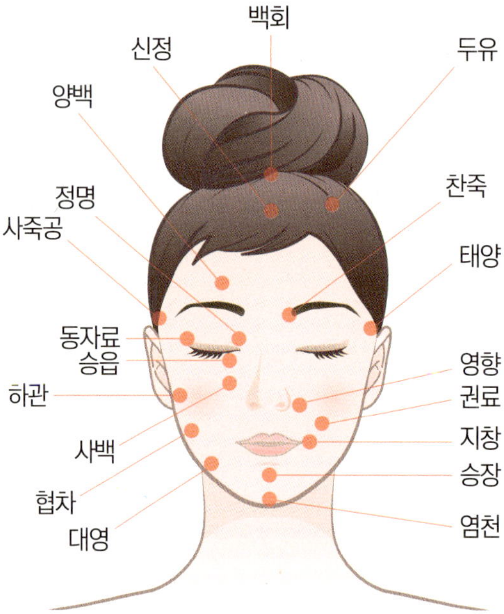

4) 경락마사지의 효과

(1) 피부의 항노화작용

경락마사지는 혈관과 신경을 활발하게 하고 모세혈관을 순환시켜 피부세포 내에 영양을 공급하므로 노화되어 있는 피부의 늘어짐을 예방하고 피부재생을 돕는다.

(2) 근육 촉진

근육의 수축과 이완을 통하여 근육이 뭉치고 위축, 함몰된 부위를 풀어서 다이어트와 비만을 예방하는 동시에 탄력 있는 근육으로 만들어 준다.

(3) 호흡, 대사 작용 촉진

호흡운동을 활발하게 하며 요량을 증가시켜 인체 내의 요산, 요소를 체외로 배출시킴으로써 부종을 막고 독소를 배출해준다.

(4) 소화계통의 촉진

직접 내장 신경을 흥분시켜 위장 내벽 근육의 장력을 증가시킴으로써 소화액을 활발하게 분비할 수 있도록 위, 소장, 대장의 운동을 증진시킨다.

(5) 순환계통의 촉진

모세혈관을 자극하여 혈액의 속도를 빠르게 하고 혈류량을 증가시킨다.

5) 경락마사지의 기본원칙

① 경혈을 자극할 때 인체의 조직에 깊숙이 압이 전달되도록 체중을 실어 마사지한다.

② 압의 세기는 고객이 견딜 수 있는 정도의 압으로 한다.

③ 마사지 시 다양한 기법을 활용하되 고객의 피부에 최대한 밀착시킨다.

④ 전신마사지 시 고객의 호흡에 맞추어 몸속의 탁기를 배출하도록 돕는다.

6) 경락마사지의 기본 용어와 촌수

① 모지복 : 엄지손가락 지문 부위를 말하며 1촌이다.

② 이지두 : 검지와 중지를 말하며 1.5촌이다.

③ 삼지두 : 검지, 중지, 약지를 말하며 2촌이다.

④ 사지두 : 엄지를 제외한 검지, 중지, 약지, 소지를 합한 것으로 3촌이다.

⑤ 수근 : 손바닥 아래 도톰한 부위를 말한다.

⑥ 수장 : 손바닥 전체를 말한다.

⑦ 모지구 : 엄지손가락과 그 밑의 도톰한 부위를 합한 것이다.

⑧ 소지구 : 새끼손가락과 그 밑의 도톰한 부위를 합한 것이다.

⑨ 수조 : 모지구와 소지구를 합한 것을 말한다.

⑩ 너클 : 반주먹을 쥔 상태로 관절을 부드럽게 이용한다.

⑪ 전완 : 상완을 제외한 팔꿈치 아래부터 손목까지의 부위를 말하고 넓은 면적 마사지 시 활용된다.

7) 경락마사지 시 금기사항

① 만성, 염증성 피부질환이 있는 경우는 금한다.

② 전염성, 궤양성 질환이 있는 경우이 있는 경우는 금한다.

③ 식후 1시간 이내에는 마사지를 피한다.

④ 생리 2~3일은 생리적 양이 많으므로 피한다.

⑤ 임신한 경우와 정맥이 있는 경우는 금한다.

4. 림프드레나쥐

1) 림프드레나쥐

에밀보더(Emil Vodder) 박사에 의해 창안된 수기법으로 림프순환을 촉진시켜 세포의 대사물질 및 노폐물의 체외배출을 도와주는 기법이다. 조직의 영양대사를 원할히 하고 신체의 부종과 통증개선에 도움을 주며, 정서적으로 안정감을 주고 신진대사를 원할히 하며 체형관리에도 효과적이다.

2) 림프드레나쥐의 효과

(1) 자율신경계에 대한 효과

- 자율신경계에는 낮신경계인 교감신경과 밤신경계인 부교감신경계가 있다. 자율신경계는 혈관, 근육, 피부 등에 분포하여 생명유지에 꼭 필요한 기관에 서로 길항작용을 하여 항상성을 유지하도록 해준다. 건강한 신체를 가진 인간의 자율신경계는 균형을 유지하고 있다. 지속되는 스트레스, 긴장, 업무상 승진이나 성공을 위해 노력하는 것들은 교감신경의 작용을 크게 하여 자율신경계의 균형을 잃게 만든다.
- 림프드레나쥐는 부교감신경계를 자극하여 저항력을 증진시키고 피로회복, 노폐물 배출, 숙면을 취하게 해준다. 정확한 림프드레나쥐의 시행은 자율신경계를 적절히 자극하여 고객의 만족도를 증진시킬 뿐 아니라 이완효과도 매우 크다. 또한 피부의 민감한 말초신경을 진정시키고, 피부 부종을 진정시키는 효과가 있다.

(2) 반사작용에 대한 효과

- 반사작용은 자극에 대한 반응이다. 신경세포는 축삭을 통해 다양한 종류의 자극 즉 불빛, 화학물질, 열, 기계적인 자극 등을 반사중추로 이동시켜 여러 가지 반응을 유발한다.

- 동통은 장기간의 근육긴장의 결과로 나타나며 두려움, 분노, 혐오감 등과 같은 감정에 의해서도 나타난다. 적절한 압력과 정확한 림프드레나쥐는 자극에 대한 근육활동을 완화시키고 동통을 경감시킬 뿐 아니라 감정적으로 즐거움, 행복감, 사랑의 마음과 같은 즐거운 반사행동도 일으킨다.

(3) 신경세포의 반사경로에 대한 효과

- 동통 수용기 신경섬유는 말초부위의 동통자극을 전달한다. 만약, 고무밴드를 손목에 감아 눈감고 재빨리 뒤로 당기면 동통을 느끼게 될 것이고, 시간이 지난 후 빨갛게 부어오르면서 부종, 발적, 동통, 열감 등과 같은 염증반응도 나타날 수 있다. 이것은 동통 수용기에 의해 받아들여지는 자극의 국소적인 반응이다.
- 자극을 받은 세포에서는 히스타민, 세로토닌, 프로스타글란딘 같은 물질이 분비되어 동통섬유에 작용한다. 이로 인해 우리는 동통을 느끼게 된다.
- 동통수용기는 자극을 받고 있는 동안은 계속해서 중추신경계로 자극을 보낸다. 이외에 촉각수용기가 있는데 이것은 림프드레나쥐나 쓰다듬기 등에 의한 촉감자극을 척수신경을 통해 전달한다. 따라서 림프드레나쥐를 시행하는 동안 주어지는 동일한 압력은 촉각수용기와 동통수용기에 지속적으로 자극을 전달하여 동통을 감소시키거나 없애주는 기능을 해준다.

(4) 혈관과 림프관종의 연근육에 미치는 효과

- 림프드레나쥐는 혈관의 연근육에 탄력효과를 준다. 림프드레나쥐는 조직 내 정체되어 있는 노폐물을 배출시켜 소동맥의 조직압을 낮추어 준다. 소동맥 내 압력이 떨어지면 모세혈관 내 혈류속도가 증가하여 조직 내 신진대사의 변화와 모세혈관 주위의 재흡수를 증가시킨다. 따라서 조직 내 노폐물의 정체를 막을 수 있다.
- 림프관의 수축은 골격근의 움직임, 동맥의 맥박, 호흡에 의한 흉부의 압력 차이, 장의 연동운동, 림프드레나쥐 등에 의해 일어나며 말초림프관의 림프양은 맥박과 림프배출량을 결정짓는다고 할 수 있다.
- 림프관은 자가수축력을 가지고 있는데 자발적 또는 발생부위적으로 1분에 3~7번의 수축을 한다. 혈관내부의 압력 및 수축과 관계 있는 림프박동은 1분에 1~30박동 사이에서

변화한다. 따라서 혈관벽의 수축력이 혈관벽의 긴장도에 의해 결정된다. 림프드레나쥐를 하는 동안 피부를 움직이는 것 자체는 림프관의 운동과 수축력 증가를 유도하여 결국 림프흐름의 증가를 초래한다.

3) 림프드레나쥐의 결합조직에 대한 작용

(1) 결합조직 구조와 특징

- 결합조직은 부분적으로 뼈와 연골조직 같은 단단한 지탱물질, 건과 건막 같은 굳어진 결합조직 그리고 느슨한 결합조직으로 구성된다. 림프드레나쥐와 관련된 결합조직은 느슨한 결합조직을 말하며 기질을 포함한 몇 가지 물질로 이루어진 교원질로 단백질, 단백질-다당류 복합체를 위한 비교원성 단백질, 점액다당류, 히알루론산, 히알루로니다제, 콘드로이친 황산, 섬유아세포와 같은 여러 종의 세포, 조직구, 이동성 세포, 콘드로사이트, 혈장세포, 과립세포, 비만세포와 지방세포 같은 물질로 구성된다. 교원섬유, 탄력섬유 그리고 망상섬유 같은 섬유, 모세혈관, 림프관과 자율신경계의 말단섬유 등도 있다.
- 림프드레나쥐는 결합조직의 위치와 기능을 정상화시키는 데 도움을 주고 결합조직에 있는 체액과 대사물질을 배출시켜 준다. 또한 림프관 운동을 자극하여 큰 분자물질 즉, 신진대사 노폐물과 림프 물질, 독소 등이 결합조직으로부터 제거된다.

(2) 결합조직의 기능

① 영양소의 기능

- 결합조직은 완전한 유기체의 모든 영양소(지방, 단백질, 탄수화물, 물, 비타민, 무기질)를 저장하여 신체의 모든 세포에 적절히 분포하는 하나의 수분배양지 기능을 한다.
- 모든 신체세포는 결합조직으로 둘러싸인 조직체액으로부터 영양소를 빼낼 수 있다. 만약 영양소 결핍이 생기면 세포는 언제라도 저장기로부터 영양소를 끌어낸다.

② 생명 유지기능 및 재생기능

- 결합조직은 교원섬유와 탄력섬유를 생산할 뿐만 아니라 하나의 기관으로 각 신체기관들의 운송수단이 된다. 결합조직의 중요한 특징은 교원섬유와 탄력섬유를 생산하여 새로

운 조직으로 재생시킨다. 흉터는 결합조직으로부터 형성된 대표적인 예이다.

③ 방어체계기능

- 결합조직은 세균과 같은 외부세포로부터의 침입에 대한 기계적인 방어작용도 한다. 세포외조직, 모세혈관 주위 조직, 세포간질과 기본 조직은 결합조직을 구성한다. 이는 결합조직이 다양한 기능을 하고 있음을 의미한다.

4) 림프드레나쥐의 모세혈관에 대한 작용

(1) 모세혈관의 구조와 물질 이동

가. 모세혈관의 구조

- 모세혈관은 분포해 있는 기관에 따라 혈관벽 구조에서 차이점을 보인다. 다시 말해서 모세혈관이 통할 수 없는 부위가 있다. 모세혈관이 적혈구보나 더 좁은 경우에는 모세혈관을 지날 수 있도록 적혈구 자체가 변형되어야 한다.
- 모세혈관의 기저막은 일정한 형태가 없는 원형물질 속에 파묻혀 엮어진 교원섬유로 구성되어 있으며 30~45암스트롱 정도의 간격을 가지고 있다.

나. 모세혈관에서의 물질이동

① 확산

- 확산은 농도균형을 이루기 위해 농도가 높은 곳에서 낮은 곳으로 이동하는 것이다. 확산은 또한 온도에 의존한다. 다시 말하면 추울수록 확산이 늦어지고 따뜻할수록 확산은 빨라진다. 큰 분자가 작은 분자보다 느리게 움직인다.
- 확산은 혈관벽에서 혈액단백질의 삼투압을 통해 재이용되는 결합조직으로 들어가는 체액의 흐름이다.

② 삼투성

- 삼투성은 반투막을 통과하는 확산이다. 예를들면 반투막이 물과 소금물처럼 두 가지 다른 농도를 분리하면 두 용액은 다른 '물농도'를 가진다.
- 체액의 압력증가는 액체의 삼투압이라 불린다. 삼투는 소금과 설탕의 물을 끌어당기는

힘이며 또한 단백질의 물을 포함하는 능력이라고 할 수 있다.

③ 여과 및 흡수

- 물과 영양분은 삼투와 여과방법으로 모세혈관 벽을 통해서 조직에 도달한다. 하루에 70리터로 추산되는 물이 모세혈관에 의해 여과된다. 모세혈관의 혈압은 여과할 수 있도록 하는 힘이고 여과된 물을 재흡수하고 모세혈관으로 물질이동이 되도록 하는 원동력이 된다.
- 재흡수의 힘은 삼투압 또는 교질 삼투압이라고 알려진 특별한 형태의 흡수력에 의해 모여진 물속의 혈액단백질에 달려 있다. 혈액이 함유하고 있는 단백질의 평균은 거의 7.4%인데 이런 단백질은 보통 혈관에서 여과된 물을 흡수할 수 있고 유동체의 균형은 모세혈관 주위의 공간에서 유지된다.

④ 폐포를 통한 물질 이동

- 폐를 통해서 체내에 들어오는 산소분자는 폐포에서 혈류에 의해 이동되어지는 헤모글로빈으로 합쳐져 모세혈관으로 가게 된다. 모세혈관에 산소가 있기 때문에 산소농도는 높다. 그런데 세포의 산소농도는 세포가 O_2를 태우기 때문에 낮다.
- 모세혈관에서 세포로의 O_2 이동과 세포에서 모세혈관으로의 CO_2 이동은 확산의 법칙에 따라 진행된다.

(2) 모세혈관과 림프관을 경유하는 림프드레나쥐의 배출 효과

- 스타링은 1897년에 모세혈관에 영향을 미치는 4개의 힘을 설명하였다. 즉, 혈압, 여과력으로서 조직단백질의 삼투적 흡수, 조직압, 흡수력으로서 혈액 단백질의 삼투적 흡수 등이다. 생리적 상태에서 체액균형은 말초혈관에서 우세하다. 이것은 모세혈관 정수압이 조직 속으로 수분을 여과하는 것을 의미한다.
- 교질 삼투압은 수분을 다시 재흡수한다. 단백질은 일반적으로 림프 경로를 통해서만 조직을 떠나게 된다. 그래서 단백질이 침투하는 곳마다 부종이 일어난다. 그러나 부종은 림프 배출이 방해되었을 때 일어난다. 단백질의 모세혈관 침투성은 부위마다 다를 뿐만 아니라 세포투과성 방법 또는 소정맥 벽 침투성에 의해 조절된다. 그러므로 정확한 림프드레나쥐는 수분균형 유지를 위해 필요하다.

5) 림프드레나쥐의 적용

(1) 부종

- 부종상태가 되면 처음에 피부는 별 변화가 없고 약간 팽팽하다. 손가락으로 누르면 눌러진 채 유지되나 피부와 피하조직의 경도는 단순 부종처럼 탄력적이고 부드럽다.
- 외피주름을 잡아보면 정상피부보다 더 두껍고 탄탄하며 그 밑은 단단히 고정되어 있다. 그 후 점차 딱딱해져 5~10년 후에는 사지의 둘레가 부어서 하지는 모양이 없게 되고, 발목에서 갑자기 혈액이 모아져 두꺼운 원통처럼 된다. 발 자체는 정상치수를 유지하나 두껍게 부풀어지고 발등 쪽으로 많은 주름과 같은 돌출부를 나타낸다.

가. 림프계 부종의 원인

① 림프계의 수송능력이 조직으로부터 림프의 무물질을 충분히 수송하지 못할 때 발생한다. 림프의 무량은 인체부위와 질환에 따라 달라질 수 있다.

② 맥박수와 림프관의 진폭증가로 림프-시간-부피에 대한 림프관 체계의 수송능력을 초과하면 부종이 발생한다.

③ 느슨한 결합조직의 기능이 저하되어 부종이 발생한다. 결합조직의 기능저하는 '물부하', '지방부하', '세포부하' 또는 '단백질 부하'를 초래한다. 이를 예방하기 위해 단핵구들이 부종지역의 결합조직을 이동하여 대식세포들을 변환시키고 거기에서 단백질을 소모하거나 부수어 보다 작은 조각들로 만들면서 단백질 부하는 감소된다.

④ 림프의 세포단백질 조절이 실패할 때 발생한다.

⑤ 정맥계 그리고, 림프계 이상이 있으면 부종이 발생한다. 정맥계나 림프계의 배수로 시스템이 손상을 받으면 결합조직 내 울혈이 생기게 된다.

나. 림프부종의 세 가지 범주

① 림프정체성 부종(단백질이 풍부) : Lymphostatic edema

림프정체성 부종은 림프 배수가 기계적으로 불충분한 데서 비롯된 부종이다. 기계적 불충분은 결합조직과 그 속의 전 림프 통로가 과다한 단백질로 인해 기질적 변화가 일어난 것이다.

그 대표적 원인으로는 ① 림프맥관의 발육장애, ② 림프통로들이 종양, 염증, 아프리카의 풍토 기생충 등에 의해 막힐 경우, ③ 절단, 수술, 사고, X-ray에 의한 손상, ④ 너무 강하게 조이는 옷에 의한 지속적 압박 등이 있다.

이와 같은 원인은 기능적 변화가 처음의 림프맥관에서 일어나 림프관의 밸브가 닫히지 않게 되어 림프관의 운동성이 손상받거나 골격근의 수축이 없어지기 때문이다. 즉, 마비성 뇌졸중 혹은 운동부족 현상처럼 그 관들이 경련을 일으키거나 불충분한 혈액순환의 장애로 마비를 초래하게 된다.

② 림프역동성 부종(단백질 부족) : Lymphodynamic edema

림프관이 더 이상 조직에서 수분을 제거할 수 없게 되었을 때 저단백 림프역동성 부종이 된다. 림프드레나쥐에 의한 배출은 고단백 부종에서만 효과가 있다. 저단백 부종은 림프 배출에 의해 영향을 받지 않는다. 림프역동성 부종의 원인으로는 ① 신장 기능의 저하, ② 기아, ③ 심부전, ④ 장 질환 등이 있다.

③ 밸브기능 부전으로 인한 부종

이것은 림프의 무물질의 갑작스러운 증가와 전반적인 림프 울혈현상이다. 만일 양쪽이 다 손상된다면 괴사와 같은 양적변화뿐만 아니라 부종과 같은 질적변화가 올 수 있다.

④ 정맥류

정맥류는 '심부종'과 비슷한 현상이 나타난다. 정맥, 원위소정맥, 말초혈관 등에서 혈관의 압력증가가 나타나 혈액의 흐름이 밸브에 의해 방해받고 정수압을 증가시키고 여과를 증가킴으로써 여과기능을 높여준다. 부종현상이 나타나는 정맥류 다리는 정맥계와 림프계 모두 기능 이상이다. 정맥류 다리는 아침에는 가늘다가 저녁에는 두꺼워진다.

(2) 염증

여러 형태의 부종에 덧붙여 염증이 주요한 적용증 중 하나이다. 염증은 다섯 가지 뚜렷한 특징을 가지는데 혈액순환 증가로 인한 발적, 모세혈관벽의 침투성 증가와 증가된 삼출로 인한 부종 그리고 열감을 느낀다. 비만세포로부터 히스타민이 분비되어 통증을 유발하며 염증부위의 기능손상이 있다. 그러나 염증은 결합조직 상태를 정상에서 산성환경으로 변하게 한다. 그 결과 기저막 주위의 수분층이 작아지고, 단백질의 침투성을 증가시킨다.

(3) 여드름

가. 여드름의 기전

여드름은 코리네 박테리아와 포도상구균과 같은 세균에 의해 피지가 지방산으로 변하여 모낭에 축적되어 모공이 막혀 염증이 생긴 상태이다.

나. 염증 징후

발적, 부어오름, 통증, 열감 등으로 거의 모든 형태의 여드름이 이런 증상들을 나타낸다.

다. 림프드레나쥐를 이용한 여드름 관리 방법

① 1회 마사지할 때의 소요시간은 30분간

② 첫 1주째는 5회, 2주째는 3회, 3주째는 2회 실시

③ 비누나 알코올로 세수하지 말고 수성오일을 사용한다.

④ 적절한 영양 섭취와 좋은 식이습관

⑤ 수분섭취를 많이 한다.

(4) 셀룰라이트

가. 셀룰라이트

셀룰라이트는 '오렌지 껍질' 피부모양을 나타내는 것으로 특히 여성의 복부와 허벅지 외측에 많이 발생한다. 지방조직의 병적 상태로 지방축적보다는 지방조직의 구조적 장애이다. 지방내용물은 정상이나 그 부위에 섬유소가 증식되고 지방세포들로 둘러싸이는 지방조직의 질환이다. 이것은 체중과다, 정상인, 야윈 사람에게도 생길 수 있다. 셀룰라이트는 정맥울혈과 림프울혈을 동반한다.

셀룰라이트란?

림프이동의 막힘으로 인해 생긴 현상이다. 인체는 세포간질에서 모세림프관으로 림프액이 계속적으로 이동하면서 체액량을 일정하게 유지한다. 림프관은 수술 시 일부가 제거되면서 림프이동이 방해되어 조직액의 축적으로 부종을 일으킨다. 또한 염증으로 더 이상의 림프를 끌어들일 수 없는 경우 세포간질에 단백질이 쌓이게 된다. 이것은 조직액의 삼투압을 증가시켜 조직액이 축적되어 부종이 된다. 이와 같이 수술, 조직의 염증 등으로 림프의 흐름이 원활하지 못해서 생성되는 것이 셀룰라이트(Cellulite)이다.

나. 셀룰라이트 형성단계

① 1단계

정맥부전은 없고 모세혈관의 투과성 증가로 인한 지방조직의 손상 및 축적단계이다. 이것은 주로 내피손상에 의한 것이 아니라 모세혈관 주위조직 즉, 결합조직과 그 내용물의 손상에 의한 것이다.

② 2단계 : 부종의 증가로 인한 지방조직의 팽대

지방조직의 내피에서 밀려나온 일부 지방세포들은 파괴되어 주위의 수분과 결합하게 된다.

③ 3단계 : 작은 결절 형성

각각의 지방세포는 두꺼워지고 증식되어 그물모양의 섬유소들에 둘러싸인다. 이 섬유소들은 교원질 섬유소들로 변형되어 셀룰라이트 과정 동안 경화성 결합조직인 소결절이 형성된다. 이 단계에서는 피부를 집어 3~4초 동안 들어올린 후 손을 놓으면 고객은 통증을 경험한다.

④ 4단계 : 큰 결절의 형성

소결절들이 더 많이 합쳐지고 딱딱한 결합조직 캡슐에 둘러싸여 큰 결절로 형성되는 단계로서 소위 오렌지 껍질 같은 피부가 되고 통증을 느낀다.

다. 셀룰라이트 관리

셀룰라이트는 결코 염증이 아니므로 림프드레나쥐와 혈액순환 촉진마사지를 병행하여 지속적으로 관리하면 좋은 효과를 거둘 수 있다. 이때 아로마 오일을 이용하면 더욱 효과적이다.

(5) 스트레스

가. 스트레스에 대한 인체의 반응

① 스트레스를 받는 순간 뇌파는 갑자기 변화하여 시상하부를 통해 자율신경계에 직접적인 영향을 미치게 된다.

② 교감신경의 흥분으로 혈압과 맥박이 증가하고 아드레날린과 노아드레날린이 증가한다.

③ 지방과 탄수화물은 에너지로 소모되어 발한과 피부저항을 일으킨다.

④ 근육, 관절, 뼈가 스트레스로 인한 대사산물의 축적에 의해 손상받고 노화과정을 가속시킨다.

⑤ 동시에 다른 스트레스 요인에 대한 감수성도 증가된다.

⑥ 지방산은 콜레스테롤로 바뀌어 혈관벽에 침착되고 그 결과 동맥경화가 된다.

⑦ 호르몬 균형의 변동으로 자율신경계가 손상받아 혈액순환에 긴장을 증가시켜 심근경색을 초래할 위험이 있다.

⑧ 위에서 위산분비가 자극되고 작은 경련을 일으킨다.

⑨ 결합조직 내 콜라겐 구조마저 변화한다.

나. 스트레스에 대한 관리 효과

① 림프드레나쥐는 교감신경 차단효과를 가지므로 스트레스 반응을 차단하는 효과가 있다.

② 스트레스로 인한 질병발생을 막아주는 간접효과가 있다.

③ 조직배수와 소성결합조직에서 노폐물을 제거함으로써 스트레스 반응에 의해 활성화된 호르몬들이 파괴되고 제거된다.

④ 혈관벽 내 결합조직이 재생된다.

6) 림프드레나쥐

(1) 목적

① 체액의 재흡수를 돕는다. 즉, 조직간액의 일부를 정맥계나 림프계로 흡수되게 한다.

② 이미 정맥계나 림프계로 들어가서 정체된 액체의 흐름을 촉진한다. 에스테틱에서의 림프드레나쥐는 건강한 피부에 시행하며 림프순환을 촉진하고, 세포의 대사물질 제거를 용이하게 해준다. 노폐물의 배출은 조직의 영양대사 장애를 개선하여 피부안색도 개선해준다.

(2) 적용피부

① 물리적 자극을 피해야 할 민감성 피부

② 알르레기 피부

③ 여드름이 잘 나는 피부

④ 부종

⑤ 수술 후의 상처회복

⑥ 셀룰라이트

⑦ 홍반

(3) 기본동작

① 정지상태 원동작(Stationary Circle)

정지상태 원동작은 손가락을 피부에 평평하게 겹쳐서 놓거나 8개의 손가락을 나란히 옆에 두고 원동작이나 나선형으로 몸과 사지에 한다. 이때 시행방향은 림프 배출방향으로 흘러가게 하고, 시행주기는 천천히 일정한 주기로 연속적으로 시행해야 한다. 이 방법은 주로 목, 얼굴림프절 관리에 사용된다. 동작 시행 시 조직에 가하는 압력은 서서히 높여주거나 서서히 내려주어야 한다.

② 펌프기법(Pump Technique)

손바닥은 아래로 향하게 하고 엄지손가락과 네손가락은 직각이 되게 한 후 같은 방향으로 타원형으로 움직여야 한다. 엄지손가락과 네 손가락은 곧게 뻗어 피부에 평평하게 놓고 손목을 유연하게 움직이면서 동작한다. 이 기법에서 손가락 끝은 아무런 역할을 하지 않는다.

③ 퍼올리기 기법(Scoop Technique)

펌프기법과 대조적으로 손바닥을 위로 향하게 한다. 손목의 회전은 손목과 손을 하나의 나선모양으로 한다. 손가락을 뻗고 압력을 주는 동안 몸쪽으로 돌린다. 안쪽으로 쓰다듬을 때 압력을 주고 밖으로 쓰다듬을 때에는 압력을 주지 않는다. 중요한 점은 검지손가락의 수근-중수관절이다.

④ 회전기법(Rotary Technique)

이 기법은 상대적으로 몸의 평평한 부분에 사용되고 개인적으로 다양하게 이루어진다. 손목은 위, 아래로 움직이며, 손바닥을 피부에 평평하게 놓고 안쪽에서 나선모양으로 바꿔가며 시행한다. 엄지손가락도 림프 순환방향으로 압력을 주면서 순환운동을 한다. 손목을 세우면서 압을 풀고 네 개의 뻗은 손가락은 움직인다. 엄지손가락은 돌리자마자 다시 압력을 가해야 한다.

(4) 적용 시 유의점

① 압력의 중요성

림프드레나쥐 시행 시 적절한 마사지 압력은 매우 중요하다. 즉, 조직으로부터 물과 단백질을 배출하기 위해 시행되는 적절한 압력의 림프드레나쥐는 재흡수를 일으키는 효과를 가진다. 또 물을 제외한 림프의 무물질을 자극하여 림프 노폐물로서 단백질을 조직 밖으로 보낼 수 있다. 림프드레나쥐 시의 압력은 이런 효과에 중대한 영향을 미친다.

② 지속적 관리의 중요성

림프드레나쥐의 지속적 관리의 중요성을 이해하기 위해서는 '관성질량'이라는 용어가 설명돼야 한다. 예를 들면 동전을 꿀에 집어넣어 동전이 보이지 않는 데는 시간이 걸린다. 이때 꿀은 관성질량에 해당한다. 고장난 차도 관성질량이다. 차에 시동을 걸면 비록 움직이지 않지만 계속적으로 힘을 가해 밀어내면 어느 정도 시간이 경과한 후 결국 자동차는 움직이게 된다. 이처럼 물체가 움직이고 이동하는데는 기본적인 에너지 외에 일정시간이 필요하다는 것을 알 수 있다.

③ 이력현상의 중요성

늘어진 고무밴드가 원래 위치로 점점 줄어드는 현상을 '이력현상'이라고 하는데 이 현상은 고무가 낡은 정도와 당김의 내구성에 따라 달라진다. 신체의 탄력섬유는 전형적인 고무의 특징을 가지고 있으므로 실제 림프드레나쥐에서 이력현상은 가장 중요한 것이다. 부종으로 인해 늘어진 조직은 림프드레나쥐를 적용하여 수분이 배출된 후라도 원래의 위치로 돌아오지 않는다. 어떤 의미에서 이것은 변형되었다고 할 수 있다. 보조요법으로 압박붕대나 탄력스타킹을 사용하면 림프드레나쥐의 효과를 증진시킬 뿐 아니라 과도한 수분이 조직으로 돌아오는 것을 막고 이력현상을 증진시킨다.

(5) 상대적 금기증

① 갑상선 기능 항진증

- 갑상선 부위의 직접적 자극은 하지 말 것
- 림프드레나쥐 할 때 : Profundus(프로판더스) → Terminus(터미누스)의 방향으로는 피할 것, Occiput(옥시푸트) → Terminus(터미누스) 방향으로 반드시 할 것
- 정해진 관리기간 보다는 기간을 줄여서 마사지할 것

② 천식성 기관지 발작

천식발작은 미주 신경에 의해 유발되는데 림프드레나쥐는 미주신경에 효과가 있으므로 발작의 원인이 될 수 있다. 그러므로 발작이 없는 기간에 천식을 관리하는 것이 좋으며 하루에 두 번씩 하는 것이 좋다. 또한 흉골에 직접 시행하는 것은 좋지 않다.

③ 결핵

마사지에 의해서 캡슐에 싸여 있던 간균들이 다시 활동성이 될 위험성이 있기 때문에 적용을 금한다.

④ 심부전

심부전에 의한 부종은 치료되지 않고 더욱 악화될 수 있다. 그러나 심장질환지들은 부종부위 이외의 부분이 치료될 수 있다. 즉, 두통이 사라지기도 한다.

⑤ 월경기

복부관리는 피해야 한다.

⑥ 저혈압

이 경우에는 초기에 전신관리를 절대 하지 말아야 한다. 왜냐하면 저혈압을 초래할 수 있기 때문이다. 먼저 부분관리부터 시작하여 시간이 경과하면서 점점 전신관리로 가는 것이 좋다.

(6) 절대적 금기증

① 모든 악성질환들과 모든 급성염증질환들 : 세포를 변성시키고 세균과 바이러스가 림프계에 의해 전파되며 세포를 변성시키게 된다.

② 색전증

③ 혈전증

④ 우측 심부전으로 인한 소위 '심부종'

⑤ 갑상선 기능 장애

⑥ 악성종양

⑦ 천식

⑧ 임산부

7) 림프드레나쥐 적용 시 주의사항

(1) 주위환경

① 조명은 너무 밝지 않게 한다.

② 적당히 따뜻한 실내 온도를 유지하도록 한다.

③ 소음을 없애고 손의 리듬이 깨지지 않도록 음악도 틀지 않는다.

④ 침대는 편안하며 부드러운 촉감으로 몸의 긴장을 풀 수 있도록 한다.

(2) 고객준비

① 고객의 피부는 클렌징된 깨끗한 상태여야 한다.

② 고객의 자세는 앉거나 눕혀서 완벽히 편안하게 하고 모든 근육들이 이완된 상태로 한다.

③ 시행자는 항상 자신의 손동작을 잘 관찰할 수 있는 자리에 위치한다.

④ 시행자는 고객의 앞이나 뒤에서 실시하는데, 중요한 것은 고객 안면의 어떤 근육도 수축되지 않도록 한다. 근육수축은 림프순환을 방해하기 때문이다.

⑤ 모든 근육들은 이완된 상태로 유지되어야 하는 것이 핵심이다.

⑥ 고객과 말하는 것을 최소화하고 고객도 되도록 말을 하지 않도록 한다.

⑦ 일반 마사지와는 달리 안면에서부터 시행한다.

(3) 기법의 적용

① 체액평형을 유지하기 위해 림프드레나쥐의 배출법은 모든 피부관리의 기본이 되어야 한다. 피부 재생이 가장 잘 되므로 규칙적인 간격으로 18회 전신 림프드레나쥐를 권유한다.

② 여드름은 가장 중요한 적용대상으로 장기간 자주 시행하는 것이 좋다. 관리시간은 한 번 할 때마다 30분 이상은 해야 한다.

③ 장미색 비강진, 안면 홍색증, 모세관 확장증 등의 증상이 관리 후에 나타날 수 있고 특히 안면 부종, 혈관종 같은 울혈상태는 안면 리프팅 후 잘 발생된다.

④ 눈물샘, 결합조직 내 단백질 축적을 일으키는 단백성 부종 또는 만성손상에서 비롯된 모든 피부병변, 알레르기, 만성습진, 화상, 만성 염증은 조심해야 한다.

⑤ 일반적으로 저항력을 증가시키고 상처재생이 빠르며 켈로이드 치료에 이용된다.

⑥ 셀룰라이트는 매우 중요한 적용대상이다. 규칙적인 림프드레나쥐는 다리부종을 예방하고 임신선 예방뿐만 아니라 이미 생긴 임신선에도 효과가 있다. 림프정체성 피부는 조직학적으로 탄력 섬유소의 손상을 초래하므로 림프드레나쥐를 함으로써 이를 예방할 수 있다.

⑦ 두꺼운 다리, 무거운 다리, 피곤한 다리 등에 효과가 좋으며 림프드레나쥐로 체중감량까지도 가능하고 피부를 팽팽히 유지시켜 준다.

(4) 적용 시 유의사항

① 손과 팔의 긴장을 푼다.

② 시행하는 동안 말을 하지 않는다.

③ 일정한 속도를 유지한다.

④ 손놀림은 가볍게, 정확히, 리듬감 있게 하되 손밑조직을 느껴가며 실시한다.

⑤ 깨끗이 세안된 후 크림이나 오일을 사용하지 않은 채 실시한다.

⑥ 주 1~2회 정도로 실시하며 10~15회 규칙적으로 계속 실시하면 효과가 높다.

⑦ 한번 시행 시 15~20분 정도가 적당하나 피부관리의 다른 단계에서 림프순환을 위한 동작이 보충된다면 10분 정도로도 끝낼 수 있다.

⑧ 림프드레나쥐는 일반적으로 모든 단계가 끝난 다음 시행하는 것이 좋다. 이는 림프드레나쥐가 림프액의 순환을 정상적으로 재정립해 주고 노폐물 배출을 안정화시키기 때문이다. 손님에게도 깊은 안정감과 진정된 느낌을 줄 수 있다.

⑨ 집중적으로 실시하는 기간 동안에는 차나 생수를 매일 최소 3~4리터 정도 마시도록 한다.

⑩ 담배를 삼가고 잘못된 식습관을 버려야 한다.

⑪ 충분한 운동을 하도록 한다.

(5) 림프드레나쥐 기법의 기본 원칙

① 림프드레나쥐 시행 시 중앙부위는 말초부위보다 먼저 시행해야 한다. 중앙부위는 말초부위로부터 림프액이 흘러들어 와야 되므로 림프액 이동자리를 내주기 위해 공간을 비워주어야 한다.

② 림프드레나쥐 시행 시 압력은 30~40mm/Hg 정도가 적당하다.

③ 각각의 정지상태 원동작은 0에서 20~40mm/Hg로 점점 압력을 변화시키면서 시행해야 한다. 펌핑 동작 시 압력은 조직에 영향을 미칠 수 있을 정도의 부드러운 압력으로 해야 한다.

④ 압력방향은 피부에서 림프흐름에 일치하여 시행한다.

⑤ 매동작을 시행할 때는 한 부위에서 5~7회 정도 반복한다. 유동조직의 관성덩어리가 반응하기까지는 적당한 시간이 필요하기 때문에 반드시 반복적으로 횟수를 오래 해야 한다.

⑥ 시행을 할 때는 압력기를 이완기보다 길게 해주어야 한다.

⑦ 일반적으로 피부가 붉게 되지 않게 해야 한다.

⑧ 림프드레나쥐 시행 시 통증을 느끼게 해서는 안 된다.

8) 두피와 목덜미 림프드레나쥐

① 쓰다듬기 : 흉추 중간에서 경추까지 엄지를 이용하여 로터리 동작을 적용한다.

② 경부림프절(프로판더스→미들→터미누스)로 5번씩 3회 고정원 그리기를 한다.

③ 후두림프절(후두 아래→중간→터미누스)로 5번씩 3회 고정원 그리기를 한다.

④ 후두를 세 위치(후두융기, 뒷머리 중간, 뒷머리 두정)에서 5번씩 3회 고정원 그리기를 한다.

⑤ 머리 측면을 따라 터미누스까지 5번씩 1회 고정원 그리기를 한다.

⑥ 목덜미선에서 후두를 잡고 가볍게 진동을 준다.(3회)

⑦ 삼각근에서 어깨 위, 터미누스까지 펌프기법을 한다.

㉠ 삼각근 위치 및 시술방법

㉡ 삼각근 중간 위치 및 시술방법

㉢ 터미누스 위치 및 시술방법

⑧ 목덜미 위에서 펌프 : 밀기(6회)를 적용하는 데 후두에서 시작하여 터미누스로 내려온다.(3회)

⑨ 체간 상부에서 척추를 따라 엄지손가락으로 엄지원 그리기를 한다.(3회)

⑩ 체간 상부에서 터미누스(오른쪽)를 따라 엄지손가락으로 엄지원 그리기를 한다.(3회)

⑪ 체간 상부에서 터미누스(왼쪽)를 따라 엄지손가락으로 엄지원 그리기를 한다.(3회)

⑫ 척추라인에서 여덟 손가락 끝을 이용하여 5회씩 3회 고정원 그리기를 한다. 흉부 상부의 양측면에서 척추방향으로 적용한다.

⑬ 경추 상부에서 흉추까지 진동한다.(1회)

⑭ 흉추 상부에서 터미누스까지 엄지를 이용하여 로터리 동작을 한다.

CHAPTER 06

두피관리기기 및 제품

1. 두피관리기기학

1) 두피 관리 기기의 필요성

두피는 얼굴과 달라서 약 10만 개 두발이 밀집되어 이루어졌으며 노화각질이나 분비된 피지, 땀의 성분등 두피의 더러움이 각화작용으로 모발에서 떨어진다. 그러나 이러한 각화작용이 일어나지 않으면 모공을 막아버리고 피부호흡을 방해하여 두피의 생리기능이 저해된다. 또한 두피의 혈액순환이 활발하지 못하면 모근이 충분한 영양을 공급받지 못해 모발성장이 약화되어 모발이 빠지거나 비듬이 생기게 된다.

두피 상태는 사람마다 일정하지 않으므로 상태에 따라 조치가 필요하다. 따라서 두피관리 프로그램에서는 제품과 함께 기기 관리의 중요성이 시술과정에서의 전문성과 기능성을 채워줄 수 있다.

- **제품의 침투력 향상**
- **과학적인 관리 효과**
- **문제점 해결의 효과**
- **관리비용의 정당화**
- **다양한 프로그램의 선택**

2. 두피관리기기학의 종류

1) 확대경(Mognifying Lamp)

육안으로 판별하기 어려운 색소침착, 잔주름, 모공상태, 여드름 등 정확한 분석을 통해 고객을 관리할 수 있다. 육안에 비해 20배로 확대되어 고객의 두피를 측정할 때 육안으로 볼 수 없는 부분에 사용한다. 반드시 클렌징한 후 사용하며 형광램프가 부착되어 있어 고객의 시력을 보호하기 위해 아이패드를 적용하고 분석을 한다.

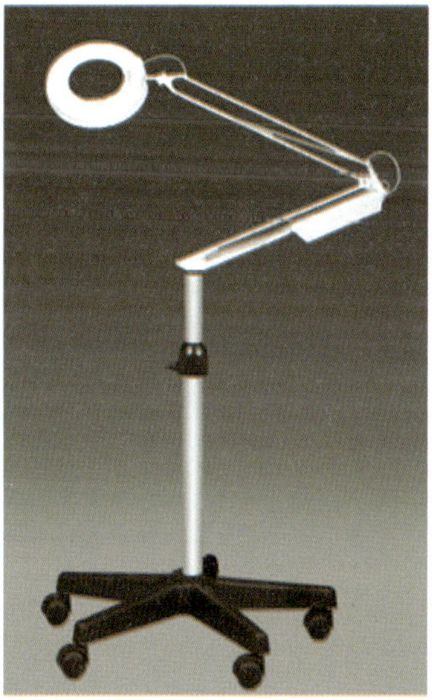

2) 피부분석기(Skin scope)

다양한 렌즈의 비율을 통해 현재 피부 및 두피, 모발의 상태를 측정하기 위한 기기이며, 고객과 함께 직접 모니터를 확인하며 진단하기 때문에 신뢰감을 얻을 수 있고, 정확한 피부 및 두피상태를 확인함으로써 상담의 효과가 극대화된다. 진단기의 성능은 물체를 인식하는 카메라의 렌즈부위에 의해 결정되며 LED 타입을 많이 사용한다. 이는 두피 및 모발 측정 시 사물을 자연색에 얼마나 가깝게 표현하느냐의 차이로 LED의 종류와 질에 따라 다양한 색상으로 표현된다. 진단기 선택 시 가장 우선적으로 고려해야 하는 것이 카메라의 두피 색상 인식 부분이며, 이는 진단과정을 정확하게 만들어 주는 요소로 작용한다.

■ 렌즈의 구성

- **1배 렌즈** : 전체적인 모발의 밀도 분석, 탈모 유형 파악, 얼굴확인 데이터로 활용
- **60배 렌즈** : 일정공간 안에 존재하는 모발의 밀도 체크, 두피 유형분석, 비듬 및 각질의 분포상태, 한 개의 모공당 모발수 파악
- **150배 렌즈** : 모공당 모발수 파악, 모공의 개폐사항 및 모근 상태 체크, 피지 및 각질 분포도, 모발 굵기 체크, 편광을 이용한 모근과 모발의 건강상태 파악
- **150배 렌즈와 편광을 이용한 모근 및 모발 상태 측정** : 모근의 건강상태 파악, 모발의 구조층 배열 상태 파악, 모발의 염색상태 및 손상도 파악

3) 두피 & 헤어 스티머(Steamer, Vaporizer)

멸균과정을 거친 증기를 안면에 분사함으로 각화된 각질세포를 연화해 각질제거를 통한 세정효과 및 모공확장을 통해 필요물질 침투의 효과를 증진시켜 준다. 또한 두피의 보습, 노폐물 배출, 근육이완, 혈관확장을 통한 신진대사를 도와준다. 스티머 물통 속에 아로마 오일 등 다른 물질을 섞어 세균의 번식이 되지 않도록 하며 이물질로 인한 분사구의 막힘을 방지한다. 스티머의 세척은 매일 이루어져야 하며, 부속기기는 자외선 소독기에 보관한다.

스팀이 분사되기 시작하면 고객의 얼굴에 닿지 않도록 한다. 스켈링 후에 각질 용해 및 연화 시 사용하면 효과적이다. 스티머기에서 분사되는 따뜻한 수분은 혈액순환 개선 및 모공 주변을 열어주는 작용, 두피 내 부족한 수분을 공급하는 작용을 한다. 또한 수분입자에 의한 노화각질 제거 외에도 각질 연화제의 두피 도포 시 발생하는 홍반 및 염증작용을 예방, 완화하는 역할을 한다.

4) 스캘프 펀치(Scalp punch)

누피의 더러움과 좋시 못한 환경을 개신하기 위한 업소용 두피 세정기이다. 1분당 1,800회의 파동을 주어 두피나 모공의 누적된 노폐물을 효과적으로 세서하여 두피를 청결하고 건강한 상태로 만들어 준다. 또한 모공을 완전히 열어주고 모근의 호흡작용 및 영양공급 작용을 원활하게 해준다. 1초에 약 30회 맥동하는 제트 수류의 기분 좋은 자극이 두피에 상쾌감과 릴렉스 효과를 준다. 지성두피는 물의 온도를 낮게(미온수), 건성두피는 물의 온도를 따뜻하게 고온수로 해서 관리하는 것이 피지 분비 조절을 위해서 효과적이다.

5) 에어브러시(Air brush)

스케일링제나 앰플을 미세하게 분사시켜서 두피에 침투를 용이하게 해주는 미세분사기이다. 주로 액상형태의 솔루션이나 앰플을 두피에 작용할 수 있도록 흡수시키기 위해 사용한다. 에어브러시 뚜껑을 열고 두피타입에 맞는 스케일링제나 앰플을 적당량 넣어준 다음 위쪽 레버를 엄지손가락으로 뒤로 끝까지 당기면서 분사해준다. 단, 두피에서 1~2cm 정도 떨어져서 분사해 준다.

6) 소프트 레이저(Soft laser)

발진 파장의 영역이 400~720nm 내에 있는 가시광선 레이저로 평균 5~10분 이내로 사용한다. 두피 탈모관리에서의 레이저는 출력이 약하기 때문에 두피 조직에 흉터를 발생시키지 않는다. 모세포의 활동 및 조직의 강화목적으로 많이 사용된다.

■ 효능 및 효과

- 모모세포의 활동 촉진
- DNA, RNA와 단백질 합성 촉진
- 혈액순환 개선
- 제품의 경피흡수 촉진
- 노폐물 및 독소의 배출
- 콜라겐 섬유의 증대
- 손상된 세포의 재생 효과
- 580~659nm 파장(붉은 빛) : 염증, 붉음증 진정, 피부이완 및 재생 촉진
- 400~450nm 파장(푸른 빛) : 안티박테리아 기능, 민감성 두피, 염증성 두피의 원인균 제거와 염증 치료 및 진정 효과

7) 갈바닉기기(Galvanic)

직류 전류의 원리를 이용한 기기로서 피부 심층부위까지 화장품의 유효성분이 침투할 수 있도록 도와주기도 하고 극간의 차이로 피부층의 노폐물을 배출하는 역할을 하기도 한다. 갈바닉기기는 이온화된 분자가 전기를 띠게 되면 같은 극끼리 밀어내고, 반대극은 당기는 성질을 이용한 원리로서 피부에 유효성분을 침투시키는 이온토포레시스(Iontophoresis)와 노폐물 배출을 도와주는 디스인크러스테이션(Disincrustation)의 방법이 있다. 미세한 전류를 사용하지만, 개인차에 따라 느껴지는 자극의 정도가 다르기 때문에 전류의 세기를 조절해 가며 적용시킨다.

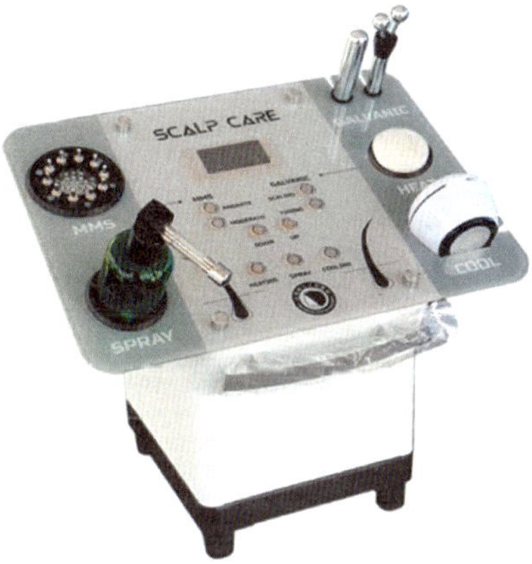

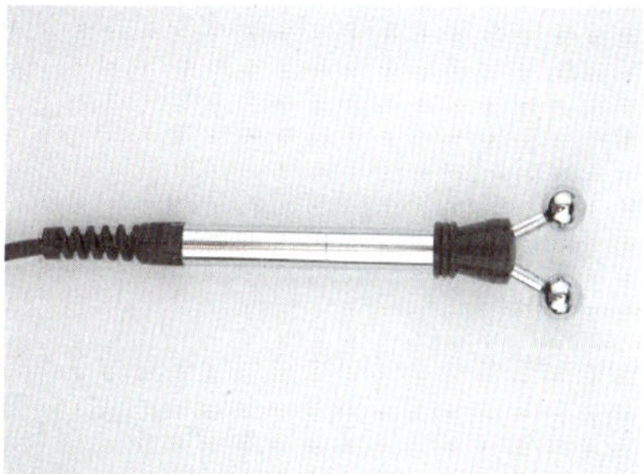

〈표 1-18〉 극의 효과

양극(anode)	음극(cathode)
• 산성 반응 • 양이온 물질 침투 역할 • 피부조직의 강화 • 혈관수축 및 혈액공급 감소 • 수렴효과 및 진정효과 • 여드름 관리 후 염증예방 • 모공 및 한선수축 효과 • 통증감소	• 알칼리성 반응 • 음이온 물질 침투 역할 • 피부조직의 연화 • 모공 및 한선의 확장 • 통증유발 및 자극효과 • 모공세정 작용 • 혈관의 확장 및 혈액순환촉진 • 신경자극 증가

* 갈바닉(Galvanic)의 적용법

(1) 이온토포레시스(Iontophoresis)

① 알칼리 반응

- 음극봉에서는 강한 알칼리인 수산화나트륨이 발생하여 피부를 교란시키기 때문에 피부에 화학적 화상이 발생하지 않도록 매우 조심해야 한다.
- 알칼리들은 피지를 분해하여 피부에 건조효과를 가져오게 한다.
- 산성화된 피부를 중화하여 주며, 산을 감소시킴으로써 살균성분을 감소시킨다.

② 산 반응

- 양극봉 아래에서 발생하는 염산은 피부를 교란하는 효과를 가지고 있다. 음극봉보다는 훨씬 덜 하지만 피부에 화학적 화상을 발생시킬 수 있고, 그 화상은 음극봉하에서 발생하는 것과는 외형이 다르다.
- 양극봉 하의 조직은 대체로 탄력이 생기고 단단해지며 상태가 좋아지는데, 이것은 산의 경화효과에 의한 것이다.
- 세포의 생명력을 증가시키고 영양분을 공급하는 산소가 제공됨으로써 발생하는 것으로, 산의 생성은 피부에 살균성분을 증가시켜 주며 산으로부터 보호를 강화시킨다.

③ 이온관리법의 효과와 사용되는 제품

- 젤, 앰플, 그리고 영양 농축액 등 여러 제품들이 용도에 따라 다양한 형태로 생산된다.
- 젤이 음이온으로 충전되어 있다면 음극봉이 활동 전극봉으로 사용되어야 하고, 젤이 양이온으로 충전되어 있다면 양극봉이 활동 전극봉으로 사용되어야 한다.
- 다른 한 전극봉은 비활동 전극봉으로서 완전한 회로를 구성하기 위하여 신체의 다른 부위에 놓는다.

(2) 이온토롤러(Ionto roller)

- 한 롤러는 음극에 연결되고 다른 롤러는 양극에 연결된다. 고객은 어느 극도 쥐지 않는다.
- 크림이나 로션을 피부에 바른 후 피부관리사는 피부 위에 롤러를 놓는다. 거즈를 사용하는 경우와 사용하지 않는 경우가 있다.

- 롤링이 될 때 이온화가 된다. 롤링이동은 매우 천천히 해야 한다.
- 피부 위의 크림이나 로션이 강한 pH를 나타내면 양극에 연결된 롤러를 통해 흐르는 전류는 그 성분을 피부 속으로 침투시킨다.
- 기기 시술은 얼굴 왼쪽 시술이 끝나면 오른쪽 면을 시술한다.
- 얼굴의 양면에 잘 침투키기 위해서는 3~4분 후에 손을 바꿔서 얼굴의 양면에 골고루 침투되도록 한다.

(3) 디스인크러스테이션(Disincrustation)

- 디스인크러스테이션은 모낭 내 피지를 유화시키고 용해시키는 과정을 말한다. 이 피지는 보통 죽은 세포들, 화장품 그리고 기름때로 채워진다.
- 디스인크러스테이션 관리를 시행하기 위하여, 알칼리 용액을 모낭에 침투하여 죽은 각질을 용해한다.
- 디스인크러스테이션 용액은 액체형태의 비누를 사용한다.
- 디스인크러스테이션 과정 중 기계가 작동 중일 때, 양극(=)은 고객의 손에 쥐고 디스인크러스테이션 용액은 음극(-) 쪽으로 부착되는 무명패드나 비스코스 스펀지에 적셔서 사용한다.
- 음극은 고객의 피부 위에 천천히 미끄러져 들어간다. 이것은 지성 여드름 피부를 관리하는 데 중요하며, 건성 혹은 노화 피부는 피지가 많지 않으므로 보통 디스인크러스테이션 관리가 사용될 필요가 없다. 복합성 피부는 디스인크러스테이션 'T zone' 과 같은 지성부위에만 사용한다.

(4) 주의사항

- 관리 전 고객의 몸에 금속성의 물질이 있는지 확인한다.
- 관리 전 유분기를 제거하여 유효성분 침투가 용이하도록 한다.
- 감염성 피부질환, 고혈압, 저혈압, 심장병, 임신, 모세혈관 확장피부, 인공심장 박동기 착용자 등 체내 금속물질이 삽입된 경우는 사용하지 않는다.

8) 초음파기기(Ultrasound)

초음파란 진동 주파수가 20,000Hz 이상으로서 인간의 귀로 들을 수 없는 진동음파를 말하며, 진동에 의한 온열작용이 있어 뭉친 근육을 풀어주고 피부재생을 도와 피부 탄력을 증가시키며 혈액순환 및 림프순환을 통해 노폐물 배출을 용이하게 해 준다.

피부 한 부위에 오래도록 머무르지 않으며, 적용시간은 피부상태에 따라 5~15분 이내로 관리하는 것이 적당하다.

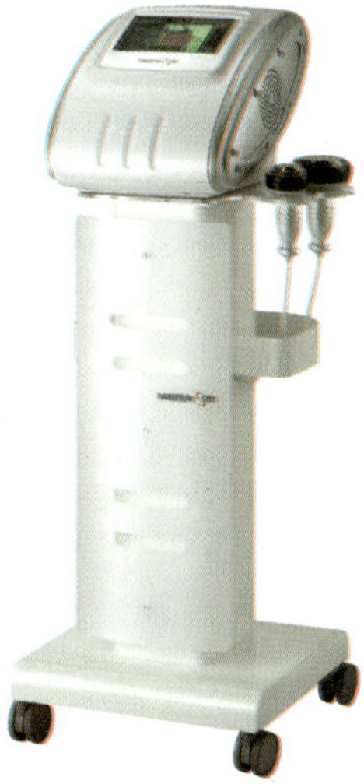

9) 고주파기기(High Frequency)

주파수가 100,000Hz 이상의 교류전류이며, 미국의 테슬러(Tesla)에 의해 고안되었고, 인체의 생리적 효과 및 살균작용에 효과가 있음을 입증하였다.

온열효과가 있고, 특별히 운동신경이나 감각신경에 자극을 주지 않아 신체에 통증 없이 관리할 수 있으며, 고주파는 생체 안에서 열에너지로 전환하여 '생체열' 또는 '심부열'이라고도 한다.

고주파관리는 스파크의 위험이 있으므로 인체에 금속물질을 삽입하였거나 착용한 자의 관리에는 부적합하며 악성종양, 고혈압, 심장병이 있는 고객도 피하는 것이 좋다.

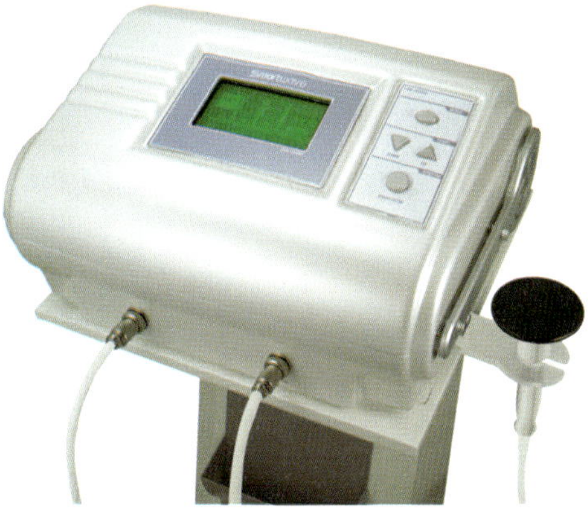

■ 특징

① 혈관의 확장으로 인한 혈류량의 증가
② 생체열 발생으로 신진대사 증진
③ 세균 및 독소의 살균작용
④ 피부결합조직의 강화로 탄력성 증진
⑤ 인체 노폐물 배출효과 및 지방분해 촉진
⑥ 세포조직의 재생효과

10) 컬러테라피(Color therapy)

컬러테라피는 다양한 스펙트럼상에 나타나는 가시광선(눈으로 관찰이 가능한 빛)을 이용하여 파장에 따라 다른 효과를 선택하여 피부 미용 및 신체의 심리적 안정과 스트레스를 해소해주는 데 필요한 미용기기이다.

시각을 통한 빛의 자극은 뇌에 전달되고 이로 인해 인간의 감성적 상태에 따라 마음속의 변화를 일으킬 수 있으며, 색상에 따라 세포활동을 자극하여 신체를 흥분시키거나 활력소를 증진시켜 주기도 한다.

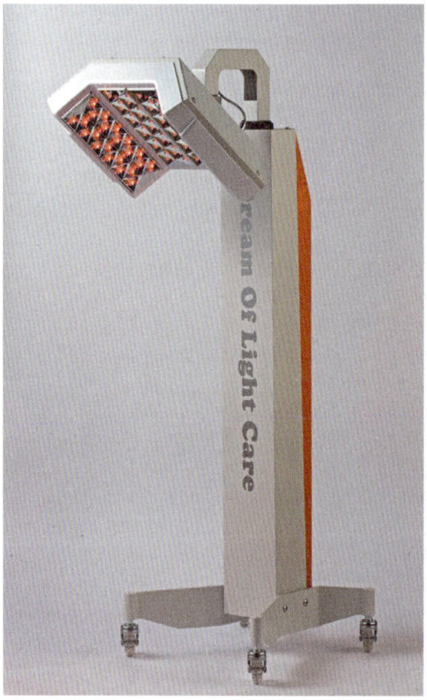

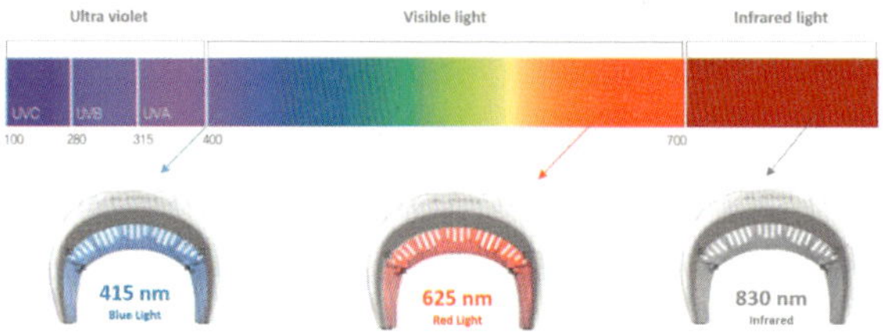

■ 특징

① 만성피로와 스트레스에 효과가 있다.

② 빛의 강도는 피부상태 및 조사받을 부위에 따라 조정한다.

③ 파장이 길수록 피부 깊숙이 침투한다.

④ 급성질환, 악성종양, 심장 및 신장질환자는 적용하지 않는다.

⑤ 관리실 내부를 어둡게 하고, 색채관리를 하여야 효과를 나타낼 수 있다.

⑥ 출혈부위나 순환장애가 있는 경우에는 관리하지 않는다.

〈표 1-19〉 색상별 효과

색상	파장(mm)	효과
빨강(Red)	600~700	세포의 활성화, 셀룰라이트 개선, 혈액순환 증진, 근육조직 이완, 피부 재생효과
주황(Orange)	590~600	건성 및 문제성피부, 세포 재생작용, 신진대사 촉진, 신경긴장 완화, 튼살관리, 내분비선 기능조절
노랑(Yellow)	580~590	피부노화 예방관리, 수술 후 예방관리, 신경자극, 소화기계 기능강화, 신체 정화작용, 결합섬유 생성촉진
초록(Green)	500~550	지방분비 기능조절, 비만, 홍반 및 반점 등 색소관리, 스트레스성 여드름관리, 진정관리
파랑(Blue)	470~500	기분전환, 진정효과, 부종 완화, 모세혈관 확장관리, 지성관리 및 염증성 여드름관리, 심리적 안정
청록(Turquoise)	450~480	림프절 자극 및 부종완화, 림프순환 촉진
보라(Violet)	420~460	모세혈관확장피부, 화농성여드름, 색소침착, 슬리밍 관리, Na, K 대사 평형유지, 면역력 증가

11) 음파 진동기(Sound therapy)

음파진동은 초저음은 물론 가청주파수와 초음파 영역까지 구현할 수 있으며 그러한 음파진동을 인체에 전달할 수 있다. 전기 또는 전기와 자기장보다 좀 더 안전하다고 할 수 있다. 또한 단순한 모터를 활용한 진동운동기와는 전혀 다른 최첨단 기술이며 가장 우수하다. 공기나 특성 물질이 발음체의 진동을 받아서 전달되는 파동을 말한다. 대형 스피커 앞에서의 진동을 느낀 경험이 있다면 쉽게 이해할 수 있듯이 사람은 대부분 귀로 소리를 듣고 가청주파수 20Hz 이하는 온몸으로 느낄 수 있으며 2만Hz 이상은 뼈를 통해 들을 수 있다. 음파에서 진동수(Hz)는 소리이며 소리의 크기를 진폭(데시벨, 볼륨)이라 한다

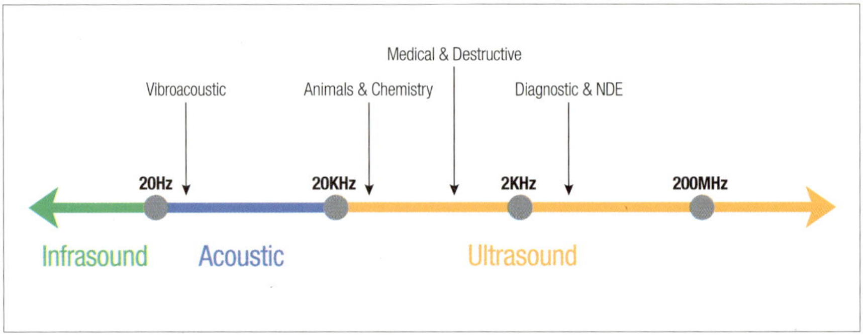

■ 특징

① 인체의 노화 및 퇴화된 세포 및 조직을 활성화시키는 방법으로 다양한 물리적 자극 중 가장 인체에 안정적인 음파를 활용한다.

② 피하지방은 물론 내장 지방까지 자극하여 장운동을 활성화시킨다.

③ 관절 주변의 인대, 건, 근육을 자극하여 원활한 순환을 유도하여 통증을 완화시켜 준다.

④ 경혈(림프절) 자극을 통해 경혈(림프절)의 원활한 순환을 유도하여 인체 전반적인 기(림프)의 흐름을 원활히 한다.

⑤ 근육의 원활한 음향 압력 자극은 뭉침을 빠르게 회복시킨다.

⑥ 뼈 주변의 근육과 견갑골 사이의 근육을 자극할 수 있다.

3. 두피관리 화장품

두피관리 화장품은 모발 및 두피를 청결히 보호, 유지하며 모발의 형태 및 색상을 변화시켜 모발을 아름답게 하기 위한 목적으로 사용된다.

〈표 1-20〉 두피관리 화장품의 종류와 기능

<table>
<tr><td rowspan="14">두피관리
화장품</td><td>세발용</td><td colspan="2">샴푸,린스</td></tr>
<tr><td rowspan="4">정발용</td><td>유성타입</td><td>헤어오일, 포마드</td></tr>
<tr><td>유화타입</td><td>헤어크림, 헤어로션</td></tr>
<tr><td>고분자타입</td><td>무스, 스프레이, 셀</td></tr>
<tr><td>액체타입</td><td>리퀴드</td></tr>
<tr><td>트리트먼트용</td><td colspan="2">트리트먼트 크림</td></tr>
<tr><td>양모용</td><td colspan="2">토닉</td></tr>
<tr><td>두피용 트리트먼트</td><td colspan="2">비듬 치료</td></tr>
<tr><td rowspan="4">염모용</td><td>영구염모제</td><td>영구염모제, 금속성염모제,
산화형염모제</td></tr>
<tr><td colspan="2">반영구염모제</td></tr>
<tr><td colspan="2">일시염모제</td></tr>
<tr><td colspan="2">헤어블리치</td></tr>
<tr><td>퍼머용</td><td colspan="2">퍼머넌트웨이브로션</td></tr>
<tr><td>탈모, 제모용</td><td colspan="2">탈모, 제모제</td></tr>
</table>

1) 세발용 화장품

세발용 화장품은 두피 및 모발에 부착된 오염을 제거하여 두피의 비듬과 가려움을 덜어주고 두피 및 모발을 청결하게 유지하기 위해 사용하는 모발관리용 화장품이다. 세발용 화장품으로 대표적인 것이 샴푸, 린스이다.

〈표 1-21〉 세발용 화장품의 종류와 기능

세발용	샴푸	모발 및 두피를 세정하여 가려움증을 제거한다. 기포와 세정의 효과를 나타내는 계면활성제(음이온 계면활성제, 양쪽성 계면활성제)와 그 외 첨가제가 주성분이다. **종류 :** 산성 샴푸, 컨디셔닝 샴푸, 베이비 샴푸, 비듬방지 샴푸 **조건 :** 세발 중에 마찰에 의한 모발의 손상 없을 것, 거품이 섬세하고 풍부하며 지속성을 가질 것, 두피·모발 및 눈에 대한 자극이 없을 것, 적절한 세정력을 가질 것
	린스	샴푸에 의해 감소된 모발의 윤기를 공급하여 모발에 유연성과 자연스러운 광택을 준다. 주요 성분으로 양이온성 계면활성제와 유분을 함유하고 있어 모발의 유분 보충, 모발손상 억제, 모발의 정전기 방지 역할을 한다. **종류 :** 크림린스, 산성린스, 컨디셔닝 린스 **기능 :** 모발의 표면을 매끄럽게 하여 빗질을 좋게 한다. 정전기를 방지한다. 모발의 표면을 보호하고, 광택을 준다. 샴푸 후 제거되지 않은 음이온성 계면활성제를 중화시켜 준다.

2) 정발용 제품

모발에 유분과 광택을 부여하고 헤어스타일을 정돈하여 오랫동안 유지하는 것을 목적으로 한다. 오일, 포마드, 로션, 크림, 무스, 스프레이, 젤, 리퀴드 등이 있다.

〈표 1-22〉 정발용 화장품의 종류

<table>
<tr><td rowspan="14">정발용</td><td rowspan="6">유성타입</td><td rowspan="3">헤어오일</td><td>모발에 유분을 공급하여 광택과 유연성을 유지하고 모발을 보호함과 동시에 정돈. 점성이 적은 유성성분이 주로 배합됨, 동백기름, 올리브유, 유동파라핀</td></tr>
<tr><td>원료성분(저점도 유지류)</td></tr>
<tr><td>피마자유, 올리브유, 파라핀유, 스쿠알란, 미리스틴산 이소프로필</td></tr>
<tr><td rowspan="3">포마드</td><td>모발에 광택을 주며 헤어스타일을 단정하게 해 주는 제품으로 남성용 정발제이다.
식물성 포마드는 굵고 딱딱한 모발에 광물성 포마드는 가늘고 부드러운 모발에 사용</td></tr>
<tr><td>원료성분(고형유지 및 왁스류)</td></tr>
<tr><td>밀납, 바세린, 칸데릴라 왁스, 비즈왁스</td></tr>
<tr><td rowspan="2">유화타입</td><td>헤어크림</td><td>O/W형은 끈적임이 적고 산뜻하다.
W/O형은 오일감이 있고 윤기와 정발효과가 크다.
모발을 정돈함과 동시에 광택과 보습효과를 준다.</td></tr>
<tr><td>헤어로션</td><td>대부분 O/W형으로 되어 있으며, 수분 함량이 많아 촉촉하고 자연스러운 느낌을 준다.</td></tr>
<tr><td rowspan="3">고분자피막타입</td><td>무스</td><td>용도에 따라 세팅력을 위주로 한 타입, 트리트먼트 위주의 타입, 촉촉함 및 광택을 내는 타입이 있다.
고분자물질, 계면 활성제, 분사제가 포함된다.</td></tr>
<tr><td>스프레이</td><td>세팅한 모발 위에 고루 분무해 헤어스타일을 일정한 형태로 유지시키는 마무리용 정발제이다. 피막형성제를 주성분으로 실리콘 오일, 고급 알코올 등을 배합해 피막에 유연성을 부여, 용제로 에탄올이 사용되어 휘발성이 빠르고 건조 후 모발의 세팅이 습도에 큰 영향을 받지 않는다.</td></tr>
<tr><td>젤</td><td>정제수에 수용성 고분자를 용해시킨 젤 상태의 투명 정발제. 촉촉하고 자연스러운 스타일을 연출할 때 사용</td></tr>
<tr><td colspan="2">사용제품</td><td>원료성분(수용성 고분자/알코올 용해수지, 수성수지)</td></tr>
<tr><td colspan="2">헤어무스, 헤어스프레이, 헤어젤, 헤어리퀴드</td><td>폴리비닐피롤리돈, 카보머, 폴리염화디메칠, 메틸렌피롤리돈(중합제), 메톡시에틸렌, 무수말레인산 공중합체, 아크릴수지, 알카놀아민액, N,N-디메칠아미노에칠메타크릴산 공중합체, 디에틸황산염, 폴리비닐피롤리돈초산비닐 공중합체</td></tr>
</table>

정발용	액체타입	리퀴드	산뜻하고 끈적임이 없어 남성용 정발제로 많이 사용 점착성을 지닌 보습제인 합성 폴리에테르유를 에탄올 용액에 투명하게 용해시킨 제품
			원료 성분(수용성 고점도, 계면활성제)
			폴리옥시에틸렌, 올레일에테르, 인산에스테르, 폴리옥시프로필렌, 글리콜, 모노부틸에테르

3) 트리트먼트 제품

두발에 사용하는 제품으로 두피의 혈행촉진, 모발보호, 청량감 부여 등의 효과가 있다. 손상된 모발을 정상적으로 복구하는 회복의 기능이 크다.

〈표 1-23〉 트리트먼트 제품의 기능

트리트먼트용	트리트먼트 크림	손상된 모발에 유분과 수분을 공급하여 모발을 보호하고 정상적으로 복구해주는 제품으로 모발 내부에 침투시켜 손상된 모발을 회복시켜 준다. 유분, 양이온성 계면활성제, 단백질, 폴리펩티드, 아미노산 보습제 등의 헤어 컨디셔닝제가 주요성분으로 사용된다. 종류 : 헤어팩, 헤어블로우, 헤어코트

4) 양모용 제품

모발의 생성 구조상 모유두에서 혈액으로부터 모모세포에 공급되는 것으로 두피의 혈액순환을 촉진시켜 탈모를 예방하고 모발의 성장 촉진을 강화시켜 준다.

〈표 1-24〉 양모용 제품의 기능

양모용	토닉	두피의 혈액순환을 촉진시켜 탈모를 예방하고 모발의 성장 촉진 효과를 강화시킨 제품이다. 에탄올 용액(50~80%)을 기제로 하고 보습제와 기타 멘톨 등의 생리활성 물질이 배합되어 상승작용으로 청량감을 주고 두피를 자극한다. 보습제는 두피의 염증을 완화하고 두피건조 억제, 모발에 보습효과와 유연성을 준다.

5) 탈모방지제

탈모방지제는 모발이 탈락되는 것을 방지하는 제품으로 알코올과 수용액에 각종 유효성분들을 첨가한 외용제로서 우리나라에서는 의약외품이다.

〈표 1-25〉 두피용 제품의 성분 및 기능

두피용 트리트먼트	비듬치료	두피의 환경개선, 혈액순환 증진, 영양공급을 통하여 탈모를 방지하고 비듬, 가려움 방지, 염증완화 등의 효과를 갖는 제품이다. 비듬, 가려움이 방지된다. 끈적임이 적고 청량감이 있다. 양모효과, 탈모방지 등 과학적인 효과가 검증되어야 한다.
		DHT 억제제(fatty acids, green tea, saw palmetto, vitamin B6, zinc 등) 생장촉진제(cypress thiol, 판토텐산 칼슘, 미녹시딜 등) 항염증제(nizoral, T-gel, betadine, tricomin, folligen, proxiphen) 항안드로겐(spilono lactone, proxiphen, nizoral, revivogen) 혈액촉진(비타민 E, 당약추출액, 고추틴크, 생강틴크 등) 영양공급(각종 비타민 및 그 유도체, 아미노산 등) 보습제(glycerine, hyaluronic acid, chondroithine sulfate) 살균제(cypress thiol, 염화벤질코니움, 이소프로필 메틸페놀 등)

6) 염모용

모발을 염색하는 것을 헤어틴트(hair tint)라고 한다. 헤어 블리치(hair bleach)가 탈색에 의해 검은 모발의 빛깔을 엷게 만드는 데 대해 헤어틴트는 염색제를 써서 모발의 빛깔을 다양하게 변화시키는 일이다.

〈표 1-26〉 염모용 제품의 종류

염모용	영구 염모제	영구염모제	헤나, 카모마일 등을 이용한 것으로 염색 효과가 낮고 본래의 모발색보다 밝게 염색하는 것이 어렵다.
		금속성염모제	주로 납이 들어 있는데 이는 납이 산화될 때 검게 변하는 원리를 이용한 것이다. 인체에 유해한 독성이 있어 우리나라에서는 거의 사용되지 않고 있다.
		산화형 염모제	염색 효과가 우수하고 밝은 색으로 염색이 가능하기 때문에 널리 사용된다.
	반영구 염모제	탈색된 모발의 염색에 적합하며, 부분 탈색 후 모발의 특정 부위에 하이라이트를 주는 데 효과적이다. 분자 크기가 작은 산성염료를 사용함과 동시에 염료의 침투를 높이기 위한 벤젠알코올, 에탄올 등의 침투제가 주요성분이다.	
	일시 염모제	모발의 표면에 안료와 같은 불용성 색소를 일시적으로 부착시켜 모발의 색을 바꾸어 주는 제품이다. 색상의 지속성이 약해 일회용으로 사용되며 샴푸에 의해 간단히 제거된다. 하이라이트, 새치 커버에 사용되며, 스틱, 스프레이, 무스, 마스카라 타입의 다양한 제형이 있다.	
	헤어블리치	색소를 사용하지 않고 단순히 모발의 탈색만을 주목적으로 한다. 멜라닌 색소를 파괴시켜 모발의 색상을 밝게 하기 위해 사용하는 제품이다. 1제는 지방산, 겔화제, 용제, 알칼리제로 구성 2제는 과산화수소가 첨가된 것 사용 직전 혼합하여 모발에 바르면 탈색이 시작된다.	

7) 퍼머용

퍼머넌트웨이브는 자연상태의 모발에 물리적, 화학적인 과정을 거쳐 모발의 구조, 모양 등의 변화를 주어 영구적인 변화된 모양으로 만든 스타일을 말한다. 화학적인 과정으로는 퍼머넌트웨이브제를 사용하고, 물리적인 과정으로는 섹션의 크기, 텐션의 강도, 롯드의 굵기와 같은 것들이 웨이브형성에 영향을 주는 요인들이다.

〈표 1-27〉 퍼머넌트웨이브 제품의 기능

퍼머넌트 웨이브용	퍼머넌트웨이브 로션	1제는 환원제(프로세싱 솔루션) : 주성분은 환원제(티오글리콜산, 시스테인), 알칼리제(암모니아,모노에탄올아민), 금속봉쇄제 2제는 산화제(중화제) : 브롬산나트륨, 브롬산칼륨, 과산화수소 1제의 환원제는 모발의 시스틴(-S-S-) 결합을 절단하여 티올(-SH)기로 환원시킨다. 2제에는 산화제가 함유되어 1제에 의해 만들어진 티올기를 산화시켜 원래의 시스틴 결합으로 되돌아가게 한다.

8) 탈모, 제모용

겨드랑이나 다리 등의 털을 제거할 때 사용하는 제품으로 크림이나 액체 형태이며, 성분은 대개 유화발륨·유화스트론치움 등의 유화물과 치오글리콜산이다. 이러한 성분은 털의 수분을 증가시켜 탄력을 없애 뜯어지기 쉽게 한다. 개인에 따라, 사용 부위에 따라 효능에는 차이가 난다. 사용기간을 늘리면 효과가 높지만 장기간 사용할 경우 피부를 자극하는 단점이 있다. 특히 상처 부위나 땀으로 부은 피부, 알레르기를 일으키는 피부, 얼굴에 사용하는 것은 피해야 한다. 또한 자주 사용하면 피부가 거칠어지는 것은 물론 접촉성 피부염을 일으킬 수도 있다. 가능한 소량을 짧은 기간에 사용하여 효과를 높이는 것이 좋다. 비슷한 것으로 제모왁스가 있다.

〈표 1-28〉 탈모 및 제모용 제품의 기능

탈모, 제모용	탈모, 제모제	피부의 털을 물리적으로 제거하는 제품이다. 가온 용해한 왁스로 털을 덮어 싸고 냉각시켜서 고화된 왁스와 함께 털을 제거하는 것, 강력한 접착 테이프를 이용하는 것, 젤을 얇게 바르고 부직포를 밀착시킨후 털을 제거하는 것, 화학적으로 제거하는 것 등이 있다. 주성분은 환원제로서 티오글리콜산 칼슘, 티오글리콘산 스트론듐이 사용된다.

PART 02

실기편

02

CHAPTER 1

두피 및 모발 상담

1) 개요

고객과의 1:1 대화를 통하여 생활습관이나 건강상태 등을 체크하고 두피 및 모발에 대한 문제점을 제시하여 두피, 모발, 탈모에 관한 정보와 지식을 전달한다. 고객의 의견을 존중하는 적절한 관리 프로그램을 제시하여 건강한 생활습관을 유지할 수 있도록 적극적인 관심과 배려를 한다. 두피관리는 상담스킬이 아주 중요하다. 전문가의 기질을 발휘하여 상담을 하면서 두피진단과 전문임상까지 많이 해봐야 한다. 두피 상담을 많이 해볼수록 실전 능력을 키우고, 상담을 원하는 방향으로 이끌 수 있다.

2) 상담의 정의

고객과의 대화를 통하여 고객 두피 및 모발에 대한 문제점과 라이프스타일, 건강상태 등을 체크하여 고객에게 문제점에 대한 해결방안을 제시하고 행동으로 옮길 수 있도록 도와주는 과정을 의미한다. 고객과의 처음 상담이 중요하다. 고객과의 처음 상담이 앞으로의 시술 방향을 결정하는 중요한 요인이 되기 때문이다. 고객의 이야기에 귀를 기울이고 공감하고 피드백해 드린다.

3) 상담의 목적

상담은 고객과의 대화로 전문가다운 언어를 사용하여 문제점을 상담해 나가는 과정이다.

3단계로 나누면 다음과 같다.

① 두피 모발 탈모에 관한 정보와 지식을 전달하여 고객의 잘못된 인식이나 마인드를 바꾸도록 동기를 부여시켜 준다.

② 두피 관련 문제점을 발생시킬 수 있는 나쁜 생활 습관을 좋은 습관으로 변화되도록 도와준다.

③ 개선된 생활습관을 지키고 유지시킬 수 있도록 도와준다.

4) 상담자의 3요소

두피관리 상담자는 두피 전반에 관한 전문지식과 이론을 바탕으로 고객을 대하는 따뜻한 배려심을 가지고, 고객의 문제와 원인 및 개선점을 함께 찾아 소통하고 해결하는 상담스킬이 필요하다.

① **신뢰** : 고객으로부터의 신뢰와 관리효과에 대한 신뢰

② **지식** : 두피와 모발에 관련한 전문 이론 및 임상결과로 쌓인 노하우

③ **배려** : 고객을 정성과 성의를 다하여 관리하겠다는 마음가짐

5) 상담자의 자세

① 정확한 발음

② 정확한 음량

③ 프로답게 안내하기

④ 몸짓과 부드러운 표정

⑤ 적절한 단어 선택

⑥ 논리적 이론

⑦ 액션과 표정을 적절하게 사용

⑧ 고객의 소리에 귀를 기울인다.

⑨ 긍정적인 공감

⑩ 고객과의 소통

6) 고객상담차트 작성방법

고객상담차트는 고객의 생활습관과 두피, 모발 손상의 원인을 파악하는 중요한 근거가 된다. 지속적인 관리를 위한 데이터가 되므로 신중하게 작성되어야 한다. 고객의 자가기입이 끝난 후 미흡한 부분에 대해서는 직접 질문을 통해 평가하도록 한다.

① **성별** : 성별에 따른 탈모유형 구분

② **나이** : 특정 문제들은 특정 나이에 발생하므로 유전적인 문제들 체크

③ **직업** : 업무적 스트레스, 업무적 성향, 식사습관 체크

④ **키와 몸무게** : 식습관에 대한 단서, 호르몬 불균형, 갑상선 질환 체크

⑤ **자녀의 나이** : 최근의 출산정보 제공

⑥ **두피 케어에 관한 고객의 경험 및 의견** : 두피관리 경험 유무, 기분, 효과

⑦ **생활패턴에 관한 질문** : 샴푸의 횟수, 두피나 모발상의 문제(비듬, 탈모, 손상모, 지성, 건성)

⑧ **탈모** : 탈모진행 상태, 두피& 탈모 관리받은 경험 체크

⑨ **고객상담 시 문진 사항 및 건강(유전, 병, 약리작용), 생활환경, 습관에 관한 질문**

❶ 샴푸습관

❷ 직업

❸ 생년월일, 이름, 생활주거지

❹ 내분비계 및 호르몬계 이상 유무 - 뇌하수체, 갑상선, 부신, 난소, 당뇨

❺ 음주스타일, 흡연유무

❻ 약물남용

❼ 식생활 라이프스타일

❽ 운동

❾ 피부병(예민, 민감성 여부), 알레르기, 아토피, 지루성 염증, 홍반

❿ 가려움증(부분, 전체)

⓫ 출산 여부(임신 중, 수유 중)

⓬ 생리주기와 양 확인(정기적인지)

⑩ **대상에 따른 질문**

❶ 여성 고객 : 전두부 정수리 부분의 문제는 성호르몬의 불균형(생리주기, 피임약 복용으로 인한 탈모인지, 폐경기 이후의 탈모인지, 유전인지), 최근의 건강에 관한 근황(수술

고객관리카드

<table>
<tr><td>성명</td><td></td><td>생년월일</td><td></td><td>e-mail</td><td></td></tr>
<tr><td>주소</td><td></td><td>전화</td><td></td><td>H.P</td><td></td></tr>
<tr><td>탈모 유형</td><td colspan="5">□ 남성 탈모 □ 여성 탈모 □ 원형 탈모 □ 휴지기성 탈모 □ 지루성 탈모</td></tr>
<tr><td>고객의 증상</td><td colspan="5"></td></tr>
<tr><td>기간</td><td colspan="5">년 개월</td></tr>
<tr><td>과거력</td><td colspan="5">1. 가족 중 머리숱이 적거나 대머리가 있습니까? □ 예 □ 아니오
2. 최근 3개월 전에 스트레스를 겪은 적이 있습니까? □ 예 □ 아니오
3. 최근에 다이어트를 한 적이 있습니까? □ 예 □ 아니오
4. 비듬이 있고 머리가 가렵습니까? □ 예 □ 아니오
5. 채식 위주의 식생활을 하십니까? □ 예 □ 아니오
6. 최근 출산 경험이 있습니까? □ 예 □ 아니오
7. 퍼머나 염색을 자주하시는 편입니까? □ 예 □ 아니오
8. 약물 복용력
(□ 피임약 □ 갑상선 □ 류마티스관절염 □ 빈혈 □ 매독 □ 고혈압 □ 저혈압)
9. 삼푸 주기는? □ 1일 1회 □ 1일 2회 □ 2-3일 1회</td></tr>
<tr><td rowspan="2">남성</td><td>탈모 유형</td><td colspan="4">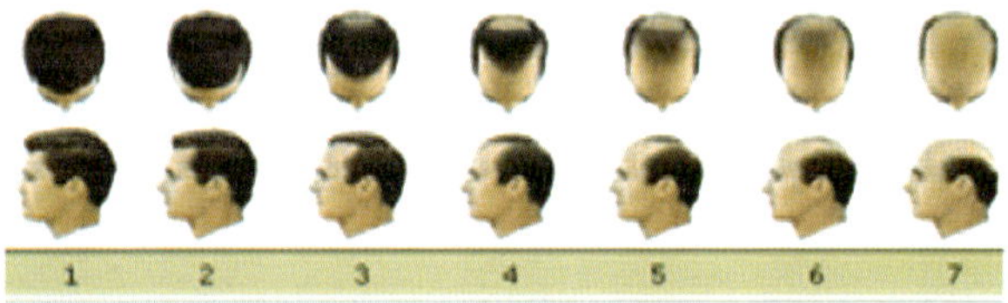</td></tr>
<tr><td>두피 유형</td><td colspan="4">□ 정상 □ 건성 □ 지루성 □ 민감성 □ 비듬성</td></tr>
<tr><td rowspan="2">여성</td><td>탈모 유형</td><td colspan="4">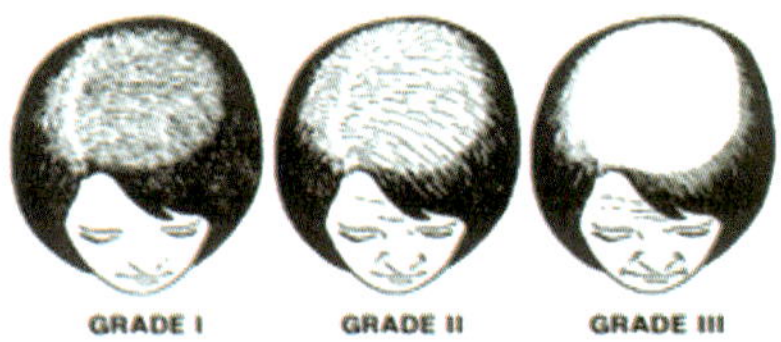</td></tr>
<tr><td>두피 유형</td><td colspan="4">□ 정상 □ 건성 □ 지루성 □ 민감성 □ 비듬성</td></tr>
</table>

한 상태인지 등의 여부), 2년 이상 탈모 시엔 철분 결핍, 라이프스타일 참고

② 남성 고객 : 유전적 탈모 여부, 전두부, 정수리 부위 그 외 확산성 탈모 여부

7) 고객상담의 실제

(1) 상담장소

① **조명** : 백열등의 차분하고 아늑한 분위기를 만든다.

② **의자** : 등받이가 있고 안락한 의자가 좋다.

③ **자료** : 질문지, 화상 체크 자료, 개인 파일, 기록용지, 필기도구 등 준비

④ **화상 체크기** : 정밀하고 안정적인 것

⑤ **시계** : 상담자에게 잘 보이도록 설치할 것

(2) 상담횟수와 기간 설정

상담관리 횟수는 많을수록, 기간이 길수록 좋지만 그렇지 못한 경우에도 월 3회 이상 6개월 이상 실시하는 것이 좋다. 탈모는 처음 3~6개월은 도입 기간이므로 매주 상담하는 것이 좋다. 고객에 따라 차이는 있다.

① **도입기간** : 3~6개월간 매주

② **변화를 촉진하는 시기** : 6개월간 격주

③ **유지기간** : 1개월 1번

(3) 진단카드 작성

진단카드는 고객의 생활습관과 두피, 모발 손상의 원인을 파악하는 중요한 근거가 된다. 지속적인 관리를 위한 데이터가 되므로 신중하게 작성되어야 한다. 고객의 자가기입이 끝난 후 미흡한 부분에 대한 직접 질문을 통해 평가하도록 해야 한다.

(4) 두피 및 모발 진단

① **시진** : 두피의 컬러 , 두피의 각질 상태, 두피의 피지 분비량, 모발 피지 상태, 모발의 손상 여부를 육안을 통해 파악

② **촉진** : 손에 만져지는 피지상태, 땀의 분비량, 각질 여부 체크, 두피 탄력도, 두피의 경직상태, 두개골(두상)을 촉각으로 감지

③ **문진** : 상담카드 및 진단카드를 작성하기 위한 여러 가지 체크사항을 통해 고객의 생활패턴, 심리 상태, 고민과 스트레스의 원인, 체질과 건강, 탈모에 영향을 줄 만한 외적 요인을 파악

(5) 상담 시 주의사항

가. 시술 전 상담의 주의사항

① 두피관리는 단기간에 되는 것이 아니라는 것을 알려주는 것이 중요하다.

② 두피의 다양한 증세를 자연스럽게 언급해주고 고객이 어떤 타입이며, 어떻게 관리해야 하는지를 자연스럽게 알려준다.

③ 고객의 노력이 부족한 것이 아니라 두피관리가 어렵다는 것을 인식시켜 주어야 한다.

④ 고객이 나쁜 생활습관을 고칠 수 있도록 유도한다.

⑤ 두피관리는 고객의 신뢰와 의지가 필요하기 때문에 과장된 표현은 자제한다.

나. 관리 중 상담의 주의사항

① 정확한 지식을 전달한다.

② 관리 전, 관리 후의 정확한 비교 분석을 시행한다.

③ 고객의 심리적 안정을 배려한다.

④ 주기적 상담이 필요하다.

CHAPTER 2

두피 및 모발 진단

1) 두피진단의 목적

두피와 모발 상태를 모니터를 통해 측정, 분석하여 고객의 정확한 상태를 파악, 정확한 자료와 설득력이 있는 정보를 제공하여 전문성을 부각시킬 수 있다.

(1) 두피

① 번들거림, 윤기, 경화도

② 염증, 홍반(특히 탈모 부위)

③ 모공 주위의 각질상태, 비듬(지성, 건성)

(2) 모근

① 단백질의 상태

② 모유두의 크기

③ 피지량, 모근의 색, 두피의 느낌(경화, 약화)

④ 모발의 수명과 사이클

⑤ 모근의 정상적인 사이클이 파괴되면 성장기(85%)가 줄어들어 모발의 수명이 짧아지므로 탈모가 진행된다.

(3) 큐티클의 상태

① 단백질의(케라틴) 상태

(4) 두피 2차진단(진단기)

① 모발과 두피는 현재의 몸을 나타내주는 상태이다.

② 두피 모발의 현재 컨디션에 대한 내적요인, 외적요인의 표현이다.

2) 두피진단기로 측정

① 모발의 밀집도 : 모발의 모공 분포도 확인

② 모발의 상태 : 정상모, 염모, 손상모, 극손상모

③ 모발의 길이 및 손상도 : 모근 부분, 중간 부분, 머리 끝부분

④ 두피의 색 : 우윳빛, 갈색, 검은 빛

⑤ 두피의 예민성 및 문제성(염증, 트러블)

⑥ 두피의 피지량 및 땀의 분비량

⑦ 모공상태 및 각질 상태

3) 두피진단기 활용법

① 뒷목선 후두부 끝지점부터 촬영 후 문제점을 본다.

② 저배율부터 고배율로 확대하며 보여 준다.

③ 관리사 본인의 두피와 비교해 신뢰감을 준다.

④ 두피와 모발을 진단하면서 신체 반응에 대한 부분도 함께 알려준다.

Tip 현미경 사용 시 알 수 있는 것들

① 확산성 탈모
② 발모광(일정치 않은 신생모의 분포도) : 신생모의 모발 중간이 끊어지는 경우, 발모광의 경우
③ 두피백선 : 진균 - 모외균(우드램프 사용 시 형광색을 띰), 모내균, 사람
④ 성장기 유리 증후군
⑤ 모발 끊어짐 : 화학시술(염색, 퍼머), 매직, 결절성 염모증(모발 중간, 끝부분에서 확인)

4) 두피진단기 실제

(1) 두피 진단

경험이 많은 전문관리사들은 진단기 없이 2단계로 곧바로 티켓팅을 한다. 진단기 없이 육안(시각), 손끝감각(촉진), 질문(문진)으로 관리계획을 잡을 수 있다. 고객의 마음과 심리를 파악하여 효율적인 상담을 전략적으로 이끌어 내고 시스템화하여 비용 부담 없이 티켓팅할 수 있을지, 홈케어로 할 것인지, 다른 메뉴로 끌어갈 것인지 상담을 통해 고객의 라이프스타일 정보를 귀기울여 듣는다.

실전 상담프로세스 1

두피진단 및 상담 - 고객의 반응 관찰 - 관리 메뉴 제안 설정

(2) 두피진단 단계

① **시진** : 두피의 컬러, 두피의 각질상태, 두피의 피지 분비량, 모발 피지상태, 모발의 손상 여부를 육안을 통해 파악
② **촉진** : 손에 만져지는 피지상태, 땀의 분비량, 각질 여부 체크, 두피 탄력도, 두피의 경직상태, 두개골(두상)을 촉각으로 감지한다.

③ 문진 : 상담카드 및 진단카드를 작성하기 위한 여러 가지 체크사항을 통해 고객의 생활패턴과 심리상태 고민과 스트레스 원인, 체질과 건강, 탈모에 영향을 줄 만한 외적 요인을 파악한다.

(3) 고객 상담카드 체크리스트 작성

① "고객님, 상담카드 작성 시 도와드겠습니다."(상담스킬 피드백 참고)

② 탈모증이 심한 경우 충분한 검사 과정 필요

③ 문제점이 무엇인지 파악(근황 체크 : 문제의 기간)

④ 수술, 다이어트, 스트레스, 생활(이사, 이혼, 사별, 대형사고, 교통사고)

⑤ 약물복용 등 정기적인 식품 섭취 여부 참고, 자연 치유를 돕도록 한다.

실전 상담프로세스 2

문제 - 진단(시진, 문진, 촉진) - 원인 - 예측 - 해결책(티켓팅)

CHAPTER 3

전문적인 두피관리 시술

1. 두피 스케일링

두피스케일링이란 두피의 노폐물과 유분 각질, 피지를 청결하게 하는 것으로 두피의 모공을 열어주는 단계이다. 두피는 피지, 각질(비듬) 등 오염물질로 인하여 산화되어 곰팡이, 박테리아 등의 번식에 노출되기 쉽고 염증이 일어날 환경이 조성되므로 이 부분을 예방하는 것이 두피 스케일링이며 정상적인 두피를 만드는 과정이다.

1) 두피타입별 스케일링제

두피 스케일링제는 멘톨이나 페퍼민트 같은 청량감 있고 쿨한 느낌이 두피를 시원하게 하므로, 두피 타입에 맞는 제품을 선별해 사용해야 한다.

① **민감성 두피** : 민감한 두피에는 두피를 안정시키기 위한 활성성분이 있고, 두피와 모발에 유·수분 밸런스를 고려한 제품을 사용한다.

② **비듬성 두피** : 비듬과 각질이 많은 두피는 각질을 감소시키기 위해 세균 등이 증식하지 못하도록 각질과 피지 조절을 할 수 있는 성분이 들어있는 것을 사용한다.

③ **지성·지루성 두피** : 피지가 많은 두피는 과도한 유분 성분을 방지하기 위해 두피의 피지 밸런스를 맞춰 주는 성분이 들어 있는 제품을 사용한다.

2) 스케일링제의 종류

① **스프레이 타입** : 뿌려가면서 피지와 각질을 제거할 때 사용되며 두피 스케일링 시 흘러내리지 않으므로 사용하기 간편하다.(분사할 때 얼굴, 눈 주의)

② **액상(워터) 타입** : 가벼운 각질 및 피지 제거 시 피부로 흘러내리지 않도록 주의한다.

③ **젤 타입** : 일반적인 각질 및 피지를 제거할 때 사용한다.

④ **크림 타입** : 과도한 각질과 피지 제거 시 사용되며 두피에 정확히 도포한다.

⑤ **스케일링 시술 시 사용되는 도구와 제품** : 따뜻한 솜, 스틱 면봉, 스포이드, 볼, 스케일링 제품들(스케일링제, 두피 샴푸, 두피 영양 앰플)

3) 주의사항

① 정확한 섹션을 나눈다.(꼬리빗 이용)

② 도포 시 모발 엉킴에 주의하고, 얼굴에 닿지 않도록 한다.

③ 제품별 사용법을 숙지한다.(순서 익히기)

④ 시술 시 1회용 도구를 사용해야 한다.

⑤ 주변을 청결히 소독하고 정리정돈한다.

2. 샴푸

1) 샴푸의 목적과 조건

샴푸라는 단어는 힌두어인 'champi'를 어원으로 하며, '마사지하다', '매만지다', '주무르다'라는 뜻을 가지고 있다. 모발 손질 및 세정의 의미로 사용된다.

(1) 샴푸의 목적

① 두피와 모발의 노폐물을 제거한다.

② 두피에 적당한 자극을 주어 혈행을 촉진한다.

③ 피지와 각질로 인한 모발의 탈모를 방지한다.

④ 두피와 모발의 컨디션을 조절한 후 pH 밸런스를 맞춘다.

(2) 샴푸의 조건

① 두피 및 모발에 적당한 세정력을 갖추어야 한다.

② 천연식물성으로 화학 성분이 인체에 무해한 것이어야 한다.

③ 샴푸 시 비듬이나 가려움, 염증, 붉어짐 등의 현상이 없어야 한다.

④ 샴푸의 pH가 약산성이나 중성인지 테스트해 본다.

2) 세정작용의 원리

① 흡착 : 계면활성제의 친유기가 모발에 붙어 모아지게 된다.

② 침투 : 계면활성제의 영향으로 모발 속에 샴푸가 침투하여 물과 깨끗이 먼지를 제거한다.

③ 분산 : 먼지가 붙지 않도록 한다.

④ 유화 : 때나 먼지를 흡착시켜 모발로부터 씻어낸다.

3) 좋은 샴푸의 조건

① 샴푸의 pH가 약산성이나 중성이어야 한다.

② 샴푸 후 깨끗이 헹군다.

③ 두피나 모발에 적당한 세정력이 있어야 한다.

④ 거품이 풍부하여 모발과 모발의 마찰을 줄여야 한다.

⑤ 천연 식물성이나 저자극성이어야 한다.

4) 샴푸제의 종류

샴푸제는 그 기능에 따라 크게 일반 샴푸와 기능성 샴푸로 구분된다. 정상 샴푸는 계면활성제가 함유되어 세정효과가 높지만 두피를 자극할 수 있다. 기능성 샴푸의 경우 모발 타입별로 구분되어 있으므로 두피 상태에 맞게 진단 후 선택한다.

① 지성두피 샴푸 : 세정력을 높게 해주는 음이온 계면활성제를 이용하여 노폐물과 피지를 제거하는 데 용이하다.(세정력이 순한 샴푸와 교대로 사용한다.)

② 건성두피 샴푸 : 주 세정제는 음이온 계면활성제이다. 천연 보습 성분제, 가수분해 단백질 영양 성분을 함유, 오일리한 성분으로 모발에 광택과 부드러운 느낌, 촉촉함을 주므로 빗질과 손질이 수월하다.

③ 댄드러프 샴푸 : 아연성분이 포함되어 비듬의 원인을 제거하는 효과가 있으며 비듬균이 성장 억제 비듀의 발생을 억제하는 샴푸이다.(주성분 : 아연피치리온 등)

④ 베이비 샴푸 : 어린이 전용샴푸제로 탈지력이 약하며 저자극의 활성제를 사용하여 안전하다.

⑤ 손상모발 샴푸 : 손상모의 경우 모표피 손상으로 약산성이나 수분과 실리콘을 함유하여 모발을 매끄럽게 해주는 샴푸를 사용한다.

⑥ 건조모발용 샴푸 : 모피질 내 케라틴, 아미노산 등이 부족하기에 유수분 밸런스를 유지한다.

⑦ 펌모발용 샴푸 : 퍼머를 한 컬의 상태 유지가 중요하므로 컨디셔닝이 함유된 세정제를 사용한다.

⑧ 염색모발용 샴푸 : 약한 세정제를 가진 샴푸를 사용하고, 염색된 색상이 빠지지 않고 색상 이 잘 유지되는 샴푸를 사용한다.

⑨ 산성샴푸 : 시술 후 (약산성-중성 pH 4~7이 알칼리화되어 있는) 모발의 상태를 모발 등전점에 맞추고 모발의 본래 산도를 맞추도록 한다.

3. 린스

1)린스의 정의

린스라는 어원은 '씻다', '헹구다'라는 의미지만 샴푸한 다음 모발 표면을 보호하고, 모발을 부드럽고 촉촉하게 정돈하는 것을 의미한다.

2) 린스의 주요성분

컨디셔닝 보습제, 두피 모발보호제, 향, 방부제, 염료, pH 조정제(린스유연제가 두피 트러블의 원인이 될 수 있다.)

3) 린스제 종류

① 산성린스 : 퍼머 후 모발 잔류 알칼리 성분을 중화시켜 주며 산성 린스제는 성분에 따라 레몬 린스, 구연산 린스, 비니거 린스 등이 있다.

② 비듬 제거 린스 : 린스제에 항비듬 효과가 있다. 각질용으로 피지 분비 억제, 살균 및 습윤 성분 등이 배합된다.

4) 린스와 트리트먼트

(1) 구분

트리트먼트(펩타이드 함유된 것), 린스

(2) 사용법

① 린스 : 샴푸 후 1~2분 후 헹굼 처리해 준다.(양 조절, 끝부분 위주)

② 트리트먼트 : 샴푸 후 적당량을 취하여 도포한다.

4. 앰플

두피관리 마지막 단계로 두피 내 도포, 영양 흡수를 통해 두피에 활력을 준다. 문제성 두피나 정상두피에도 양을 조절해 유지 관리 목적으로 사용한다.

1) 앰플의 종류

① 지성두피용 앰플 : 피지조절 및 두피에 영양을 공급한다.

② 비듬두피용 앰플 : 비듬균 조절 및 각화주기의 문제를 개선하여 정상화하는 데 사용된다.

③ 탈모두피용 앰플 : 모근 강화 및 영양공급, 모발이 잘 자랄 수 있도록 하는 데 사용되며 혈액순환 개선의 목적으로도 사용된다.

2) 사용 시 주의점

① 두피 이외의 피부에 닿지 않도록 한다.

② 유리병인 경우 개봉 시 손이 다치지 않도록 여는 방법을 숙지한다.

③ 개봉 시 유리조각이 병 안으로 들어가지 않도록 꼼꼼히 확인한다.

④ 온열기기를 이용하여 제품의 흡수를 돕도록 한다.

5. 시술 프로토콜

1) 스케일링 시술방법

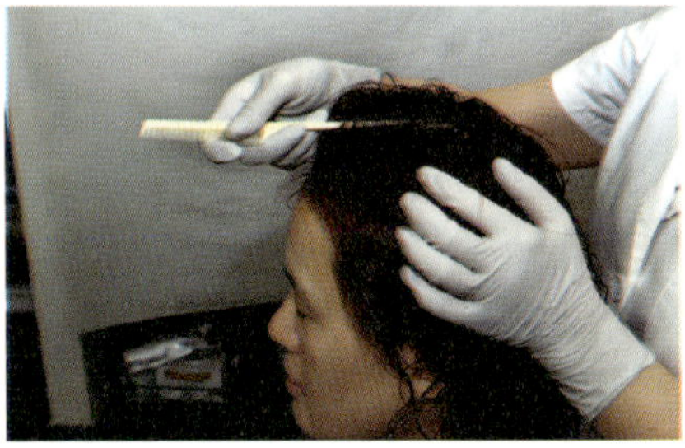

① 모발을 빗질하고, 두부를 4등분한다.

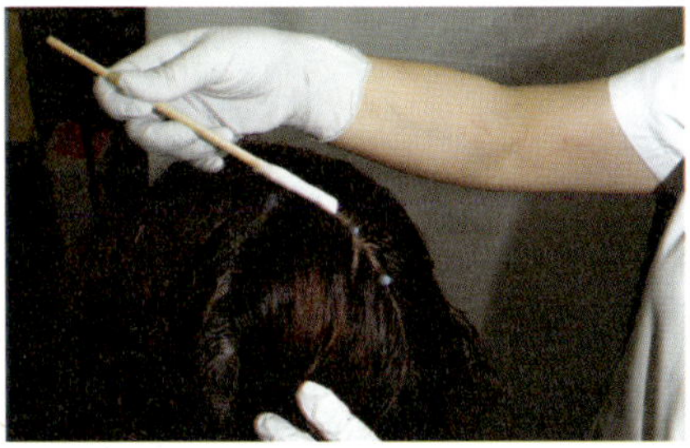

② 전두부부터 시작기점으로 측두부까지 시술한다.(볼륨 있는 면봉으로 스케일링제를 묻혀 두피에 섹션을 떠서 두피를 닦아낸다.)

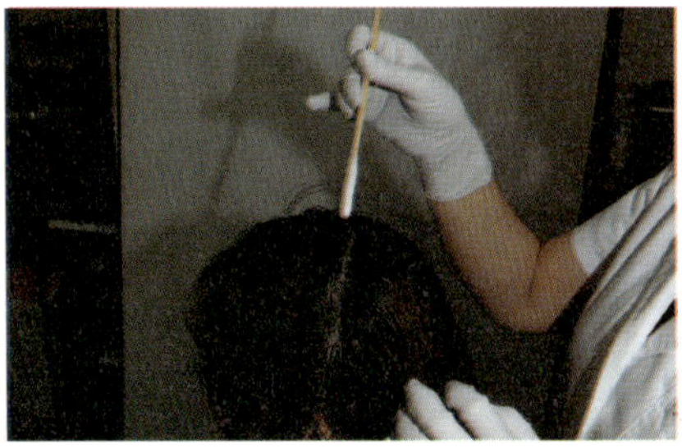

③ 정수리부터 네이프라인까지 시술한다.

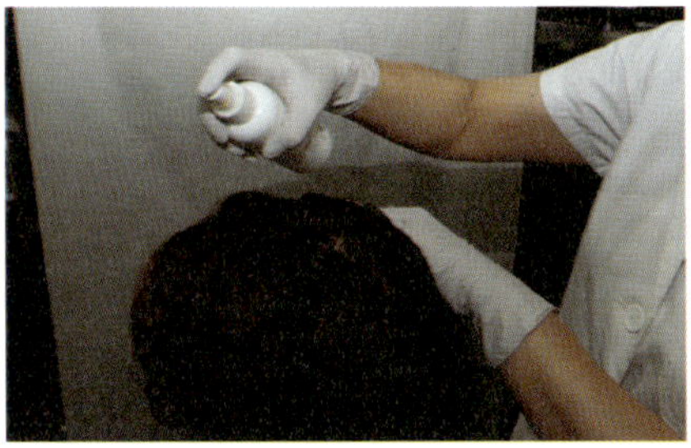

④ 두피를 진정시키는 토닉을 분사한다.

2) 샴푸 시술방법

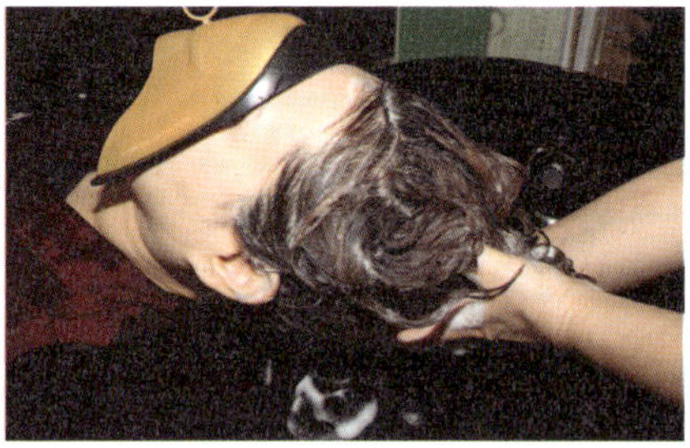

① 물을 적신 후 머리 전체에 샴푸를 골고루 도포한다.

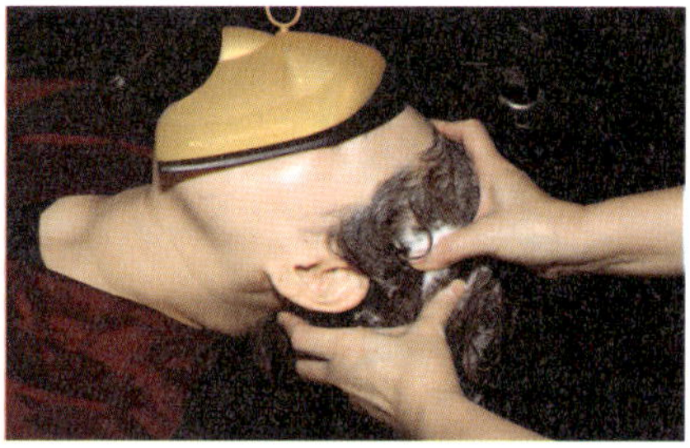

② 사지로 두정부를 지그재그로 문지른 후 좌우 측두부를 지그재그로 문지른다.

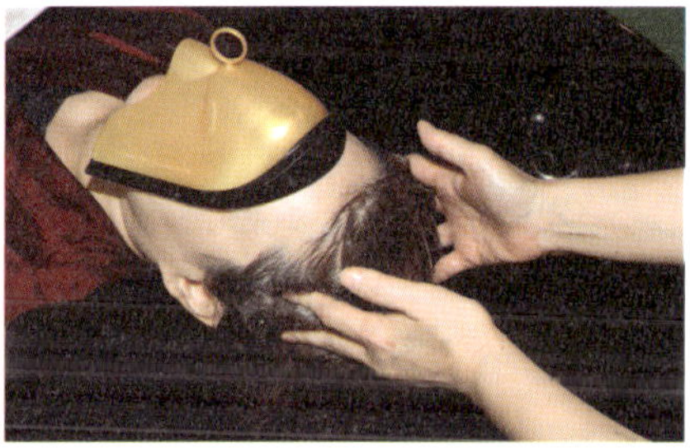

③ 두피 전체를 손가락 끝으로 회전하듯이 문지른다.

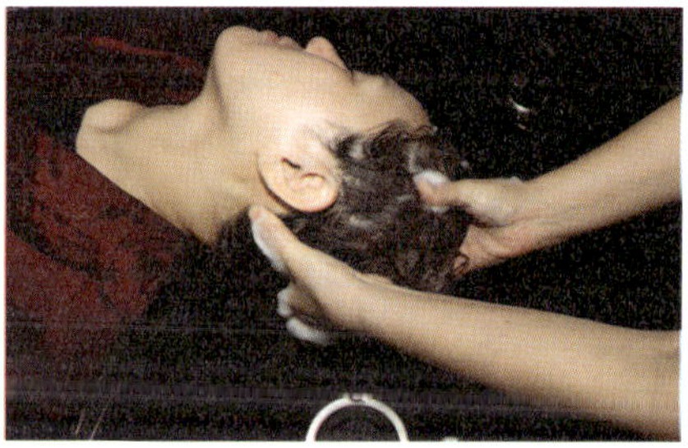

④ 한쪽씩 번갈아가며 좌우 후두부를 지그재그로 회전하듯이 문지른다.

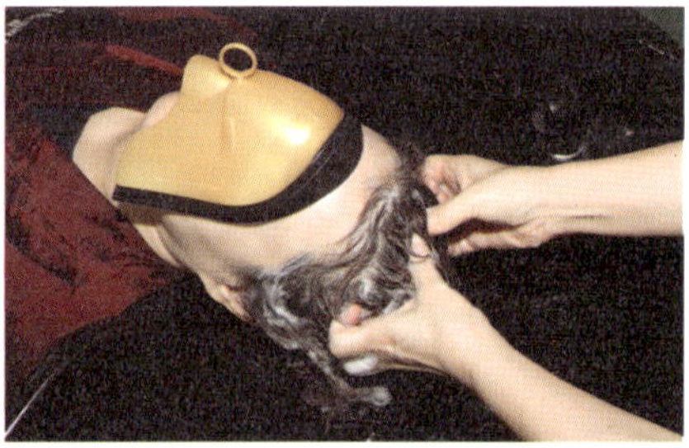

⑤ 두피 전체를 반주먹을 쥐고 지그재그로 문지른다.

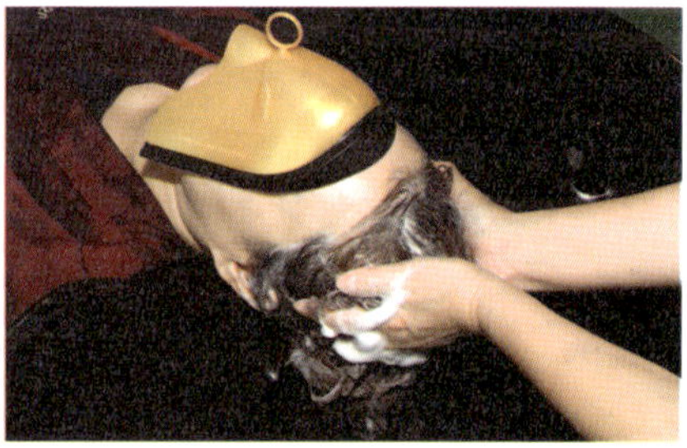

⑥ 두피를 손바닥으로 비비면서 문지른다.

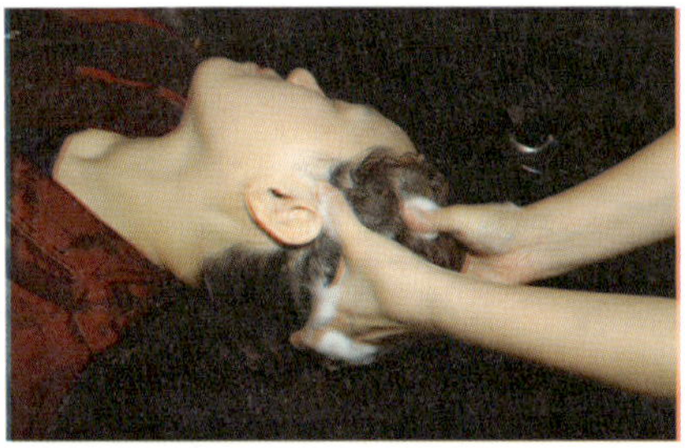

⑦ 엄지로 헤어라인을 따라 귀를 가볍게 마사지한다.

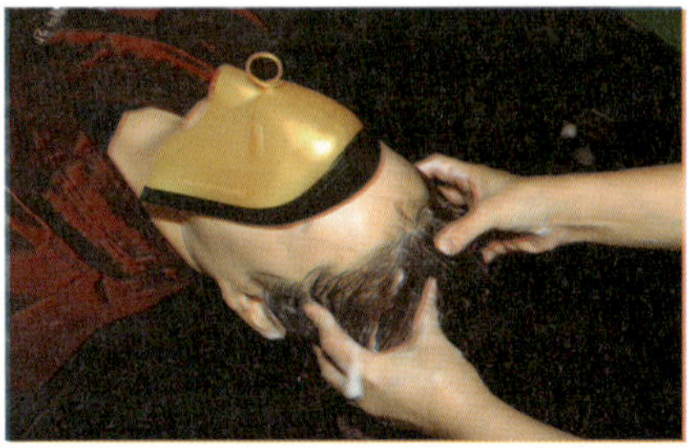

⑧ 두피를 4지로 튕겨 준다.

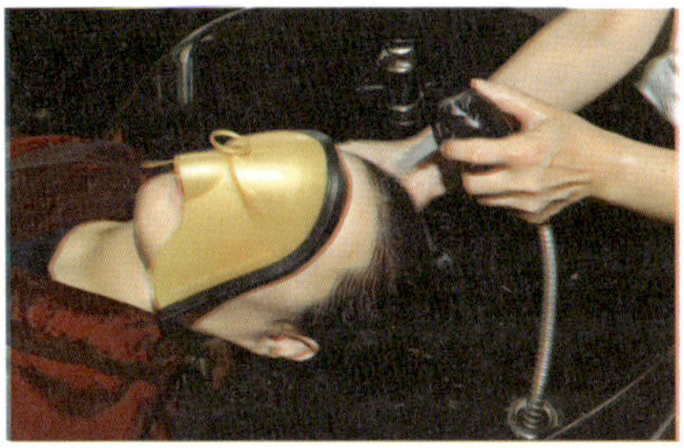

⑨ 두피와 머리를 헹군다.

3) 두피 마사지 방법

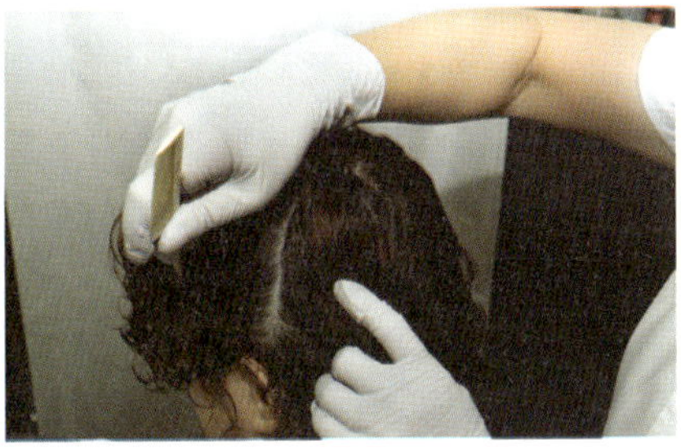

① 머리 전체의 섹션을 나눈다.

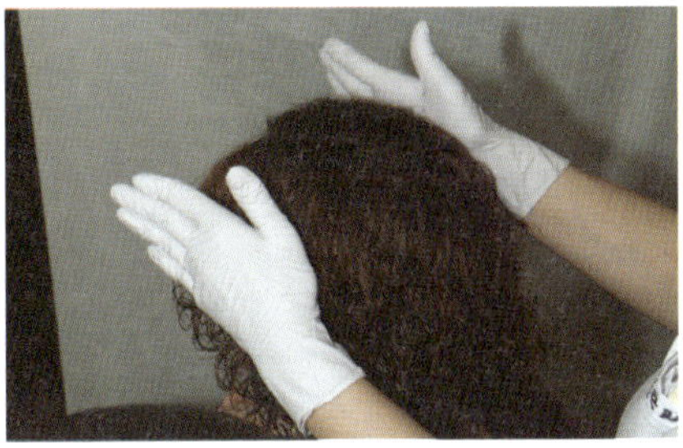

② 측두부 근육을 양손 수근부를 이용하여 문지른다.

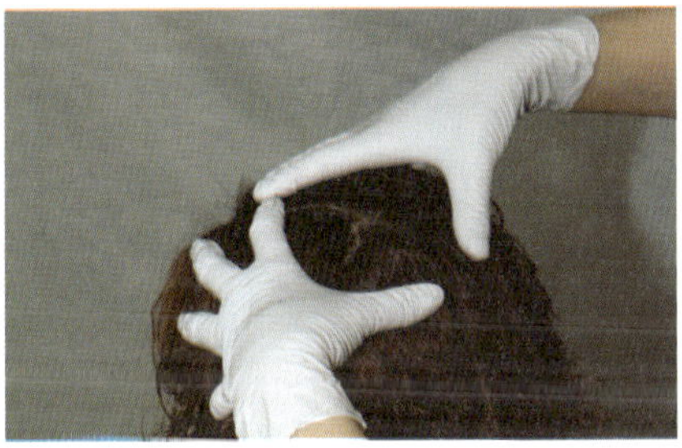

③ 두피 전체를 양손 손가락 끝 지문을 이용하여 지압한다.

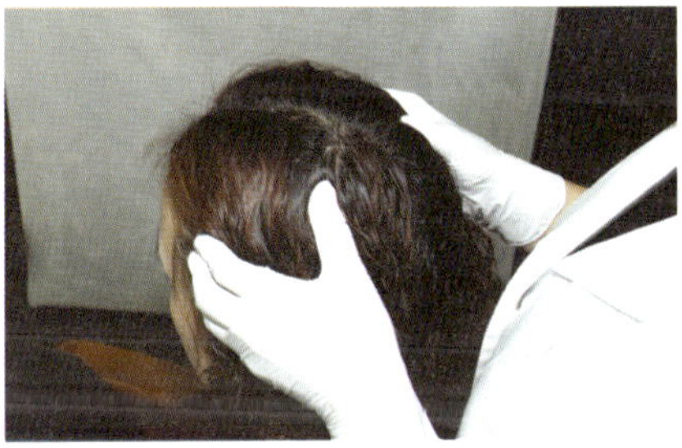

④ 두피 중앙에서 관자놀이까시 4지를 이용하여 지압한다.

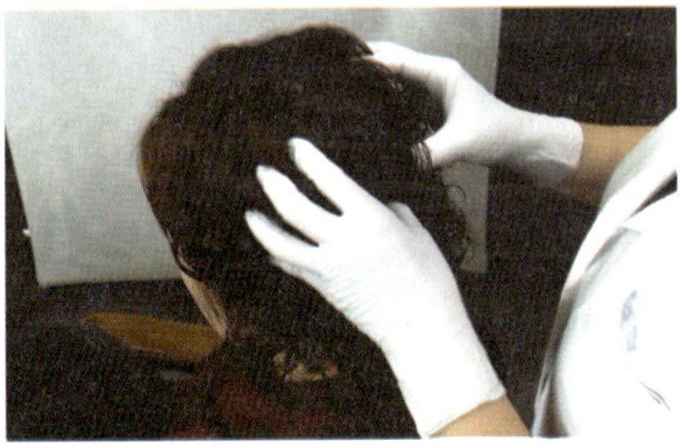

⑤ 후두부를 4지로 문지른 다음 지압한다.

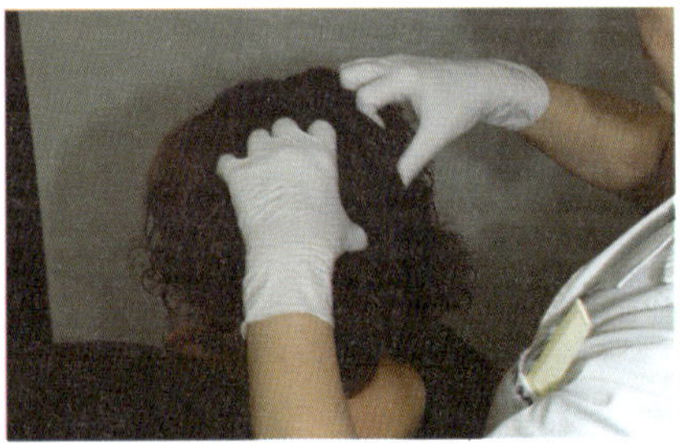

⑥ 두피 전체를 반주먹을 쥐고 굴려 준다.

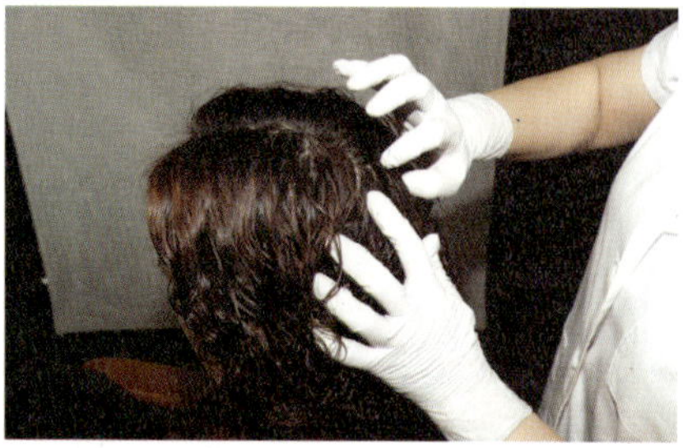

⑦ 두피 전체를 손가락 끝으로 두드린다.

⑧ 두피 전체를 손바닥을 합장한 후 소지 측으로 두드린다.

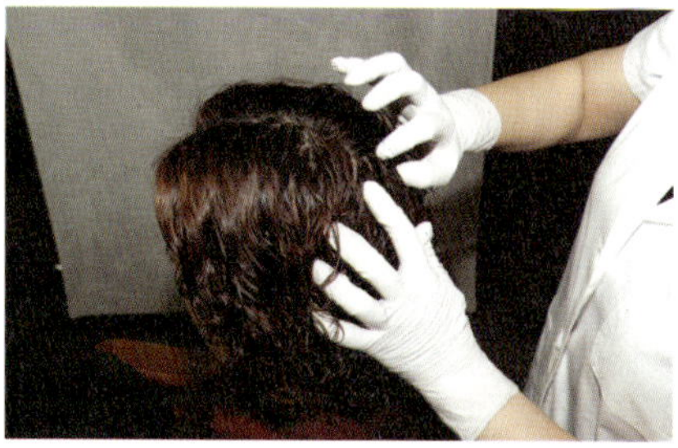

⑨ 좌우를 번갈아가며 엄지와 4지로 두피를 떨어 준다.

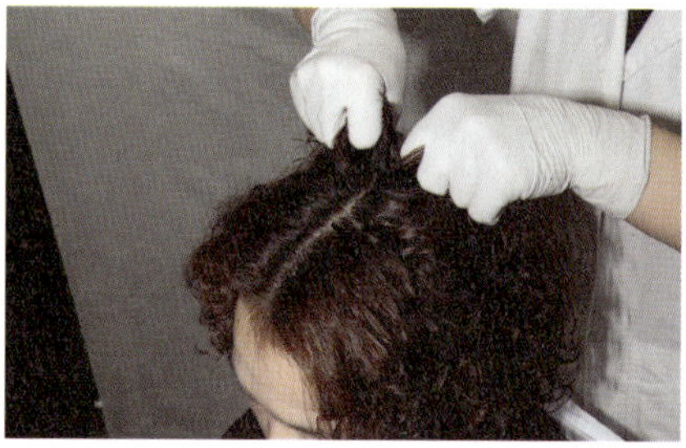

⑩ 모발을 4지로 움켜쥔 후 잡아당긴다.

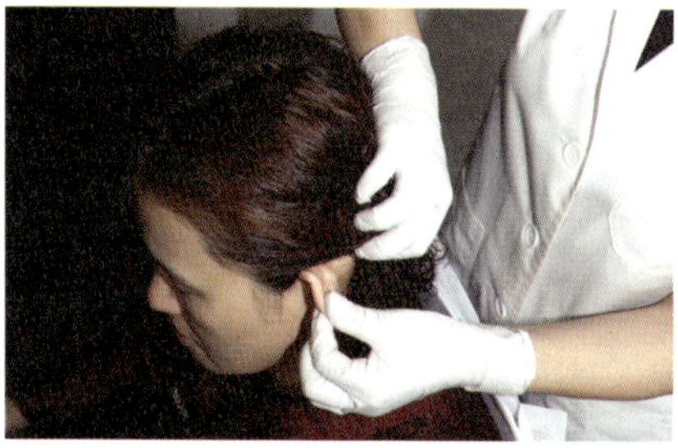

⑪ 귀 전체를 잡아당겨 전신의 기능을 높여 준다.

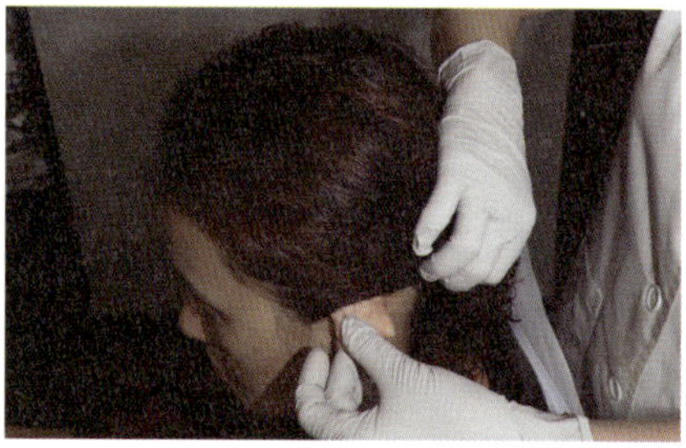

⑫ 귀를 반을 접어주어 장기와 척추의 기능을 높여 준다.

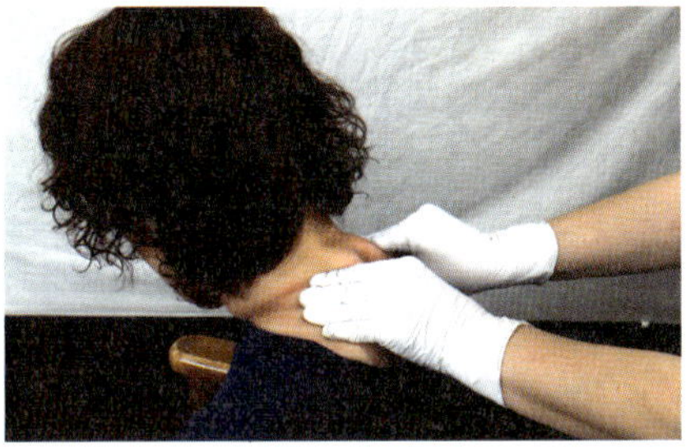

⑬ 뒷목(두판상근)를 잡고 4지로 반죽한 후 후두부를 지압한다.

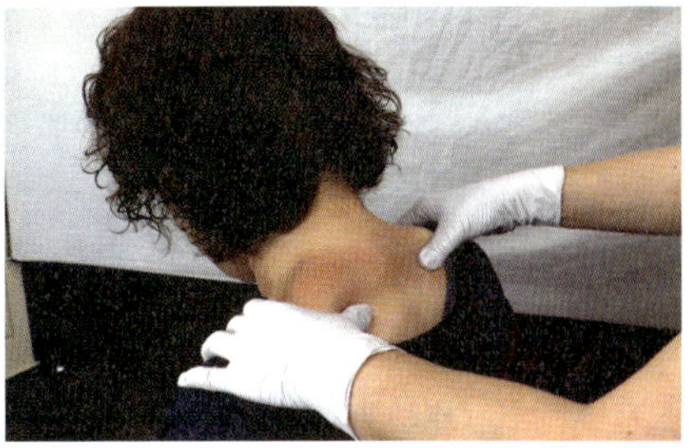

⑭ 승모근을 반죽한 다음 스트레칭해 준다.

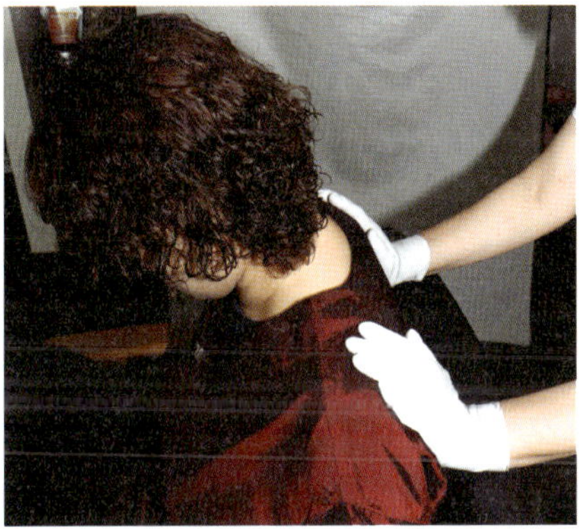

⑮ 승모근을 가볍게 쓸어내린다.

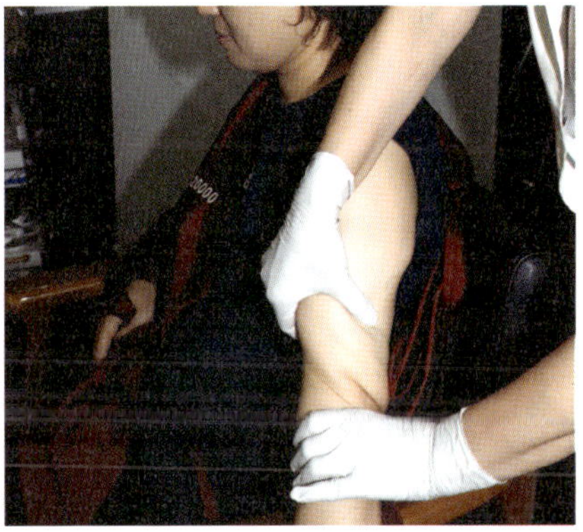

⑯ 팔을 상완과 전완을 따라서 주무르고 팔 전체를 돌려준 다음 손끝으로 빼준다. 반대편을 실시한다.

CHAPTER 4

두피관리 시술과정

1. 일반 두피관리 시술과정

1) 상담

고객과의 첫만남으로 신뢰를 만들 수 있도록 대화를 이끌어가도록 하며 상담에 대한 내용은 상담카드에 상세하게 기록한다. 고객의 특성에 따라 시간을 조정하며 너무 길지 않도록 주의한다. 상담 시에는 신뢰관계를 형성하는 것이 중요하며 관리의 기대 수준을 높게 주지 않는다. 그러나 관리 후 효과에 대한 확신을 주며 관리 기간을 유지하도록 힘써야 한다.

2) 진단

두피와 모발 상태를 모니터를 통해 측정, 분석하여 고객의 정확한 상태를 파악한다. 시진, 문진, 촉진을 이용하여 다각도로 진단하도록 하고, 고객의 이해를 도울 수 있는 진단기를 사용하여 신뢰를 줄 수 있는 데이터를 확보하도록 한다. 관리 중에도 변화과정을 모니터링하고 사진을 저장하도록 한다.

3) 두피관리 프로그램

- 1단계 : 두피 진단

  두피측정기를 이용한 두피 측정, 시진, 문진, 촉진 이용

- 2단계 : 스티머

  노화된 각질을 부드럽게 제거, 따뜻한 습기로 혈액순환 촉진, 두피에 수분 공급, 모공 정화의 역할

- 3단계 : 스캘프 스케일링

  두피의 노화된 각질 제거, 피지 조절 기능, 두피 자극 효과, 두피에 보습 부여

- 4단계 : 헤어팩

  혈액순환 촉진, 산소공급, 모근 자극, 탈모 방지

- 5단계 : 샴푸

  두피 세정 효과, 항염, 가려움증 예방, 비듬 완화, 보습 및 영양 공급, 두피 활성화 촉진 및 재생

- 6단계 : 스캘프 마사지

  영양성분의 흡수 증가, 두피 혈액순환 상화, 모근강화 및 육모효과

- 7단계 : 토닉

  영양성분의 흡수 증가, 모근강화 및 육모효과

- 8단계 : 마무리

  고객이 원하는 스타일을 할 수 있도록 장소를 제공하거나 드라이로 간단한 마무리

4) 홈케어

고객에게 두피 집중 관리를 위한 홈케어의 중요성을 인식하고, 두피관리는 일시적으로 이루어지지 않는다는 것을 이해시켜야 한다. 또한 관리 기간의 효과를 높이기 위해 홈케어 제품 사용(샴푸, 토닉, 헤어팩 등)이 필요하다는 것을 인식시켜야 한다.

2. 일반 두피관리 프로그램

1) 정상두피

① 청백색의 맑고 투명한 두피톤을 가진다.

② 개인의 피부색에 따라 약간의 차이를 보이기도 한다.

③ 모공당 모발의 수는 1~3개 정도이고, 모발 굵기가 거의 일정하다.

〈표 2-1〉 정상 두피 관리 매뉴얼

정상 두피 관리매뉴얼	관리시간	사용기기	관리 제품
1단계 : 두피 진단	5분	두피 측정기	
2단계 : 스티머	5분	스티머, 미스트	
3단계 : 스캘프 스케일링	10분	에어 브러시, 면봉 스틱	정상 모발용 스케일링
4단계 : 헤어팩	5분	고주파	정상 모발용 헤어팩
5단계 : 샴푸	10분	샴푸대	정상 모발용 샴푸
6단계 : 스캘프 마사지	10분		
7단계 : 토닉	5분	이온토포레시스, 에어 브러시	정상 모발용 토닉
8단계 : 마무리			

2) 건성두피

(1) 증상

① 건조하고 각질이 갈라져 보이며 잔주름을 가진다.

② 매일 샴푸를 하지 않아도 기름이 끼지 않는다.

③ 두피가 가렵고 당기는 느낌이 든다.

(2) 원인

① 연령

② 기후, 난방, 드라이

③ 샴푸, 과다한 두피 스케일링

④ 영양 결핍, 스트레스

〈표 2-2〉 건성 두피 관리 매뉴얼

건성 두피 관리매뉴얼	관리시간	사용기기	관리 제품
1단계 : 두피 진단	5분	두피 측정기	
2단계 : 스티머	5분	스티머, 미스트	
3단계 : 스캘프 스케일링	5분	에어 브러시, 면봉 스틱	건성 모발용 스케일링
4단계 : 헤어팩	5분	고주파	건성 모발용 헤어팩
5단계 : 샴푸	10분	샴푸대	건성 모발용 샴푸
6단계 : 스캘프 마사지	10분		
7단계 : 토닉	5분	이온토포레시스, 에어 브러시	건성 모발용 토닉
8단계 : 마무리			

3) 지성두피

(1) 증상

① 과다한 피지분비로 촉촉이 젖어 있다.

② 세정이 불충분할 시 피지가 산화되어 모공을 막거나 염증이 발생될 수 있다.

(2) 원인

① 월경

② 당분, 동물성 지방 과다 섭취

③ 신진대사 이상, 유전, 영양 결핍

④ 기후의 영향, 나이, 환경

〈표 2-3〉 지성 두피 관리 매뉴얼

지성 두피 관리매뉴얼	관리시간	사용기기	관리 제품
1단계 : 두피 진단	5분	두피 측정기	
2단계 : 스티머	5분	스티머, 미스트	
3단계 : 스캘프 스케일링	10분	에어 브러시, 면봉 스틱	지성 모발용 스케일링
4단계 : 헤어팩	5분	고주파	지성 모발용 헤어팩
5단계 : 샴푸	10분	샴푸대	지성 모발용 샴푸
6단계 : 스캘프 마사지	10분		
7단계 : 토닉	5분	이온토포레시스, 에어 브러시	지성 모발용 토닉
8단계 : 마무리			

4) 민감성 두피

(1) 증상

① 모세혈관이 확장되어 있거나 민감하게 반응한다.

② 강한 제품이나 압력에 통증이 있다.

③ 일시적인 예민성과 피부예민으로 구분된다.

(2) 원인

① 스트레스, 피로, 선천적 유전에 의한 요인

② 화학적 시술이나 자극성이 강한 제품 사용

③ 신체적 리듬이나 균형이 깨졌을 때

④ 물리적인 자극에 의한 민감

〈표 2-4〉 민감성 두피 관리 매뉴얼

민감성 두피 관리매뉴얼	관리시간	사용기기	관리 제품
1단계 : 두피 진단	5분	두피 측정기	
2단계 : 스티머	5분	스티머, 미스트	
3단계 : 스캘프 스케일링	5분	에어 브러시, 면봉 스틱	민감성 모발용 스케일링
4단계 : 헤어팩	5분	고주파	민감성 모발용 헤어팩
5단계 : 샴푸	10분	샴푸대	민감성 모발용 샴푸
6단계 : 스캘프 마사지	10분		
7단계 : 토닉	5분	이온토포레시스, 에어 브러시	민감성 모발용 토닉
8단계 : 마무리			

5) 비듬성 두피

(1) 증상

① 각질이 많이 보이며 두피상태에 따라 지성비듬성 두피, 건성비듬성 두피로 나뉜다.

② 가려움을 동반하여 비듬균이 원인이 되기도 한다.

③ 표피의 과다한 증식, 피지의 과다 분비

(2) 원인

① 비듬균인 호지성 진균(피티로스포룸)에 원인

② 호르몬 불균형, 영양 불균형

③ 스트레스

④ 두피 불청결, 환경오염

⑤ 잘못된 식습관(폭식, 과식) 등

〈표 2-5〉 비듬성 두피 관리 매뉴얼

비듬성 두피 관리매뉴얼	관리시간	사용기기	관리 제품
1단계 : 두피 진단	5분	두피 측정기	
2단계 : 스티머	5분	스티머, 미스트	
3단계 : 스캘프 스케일링	10분	에어 브러시, 면봉 스틱	비듬성 모발용 스케일링
4단계 : 헤어팩	5분	고주파	비듬성 모발용 헤어팩
5단계 : 샴푸	10분	샴푸대	비듬성 모발용 샴푸
6단계 : 스캘프 마사지	10분		
7단계 : 토닉	5분	이온토포레시스, 에어 브러시	비듬성 모발용 토닉
8단계 : 마무리			

3. 탈모 두피관리 시술과정

1) 상담

고객과의 첫만남으로 신뢰를 만들 수 있도록 대화를 이끌어가며 상담에 대한 내용은 상담카드에 상세하게 기록한다. 고객의 특성에 따라 시간을 조정하며 너무 길지 않도록 주의한다. 상담 시에는 신뢰관계를 형성하는 것이 중요하며 관리의 기대수준을 높게 주지 않는다. 그러나 관리 후 효과에 대한 확신을 주며 관리기관을 유지하도록 힘써야 한다.

2) 진단

두피와 모발 상태를 모니터를 통해 측정, 분석하여 고객의 정확한 상태를 파악한다. 시진, 문진, 촉진을 이용하여 다각도로 진단하도록 하고 고객의 이해를 도울 수 있는 진단기를 사용하며 신뢰를 줄 수 있는 데이터를 확보하도록 한다. 관리 중에도 변화과정을 모니터링하고 사진을 저장하도록 한다.

3)탈모관리 프로그램

- 1단계 : 두피 진단

  두피측정기를 이용한 두피 측정, 시진, 문진, 촉진 이용

- 2단계 : 스티머

노화된 각질을 부드럽게 제거, 따뜻한 습기로 혈액순환 촉진, 두피에 수분 공급, 모공정화의 역할

- 3단계 : 스캘프 스케일링

두피의 노화된 각질 제거, 피지조절 기능, 두피 자극 효과, 두피에 보습 부여

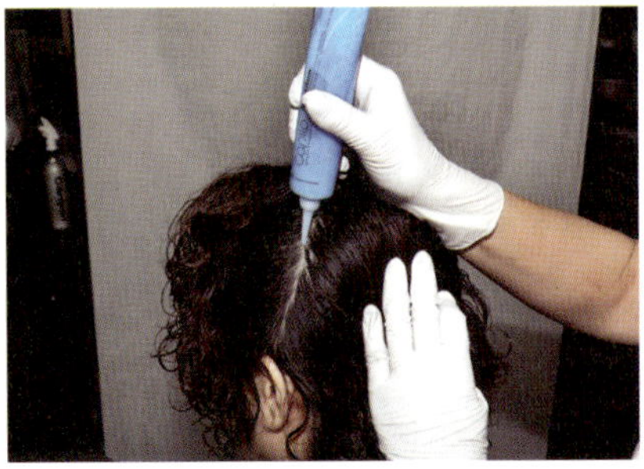

- 4단계 : 견갑골 및 경추 마사지

혈액순환 촉진, 산소공급, 모근 자극, 탈모방지

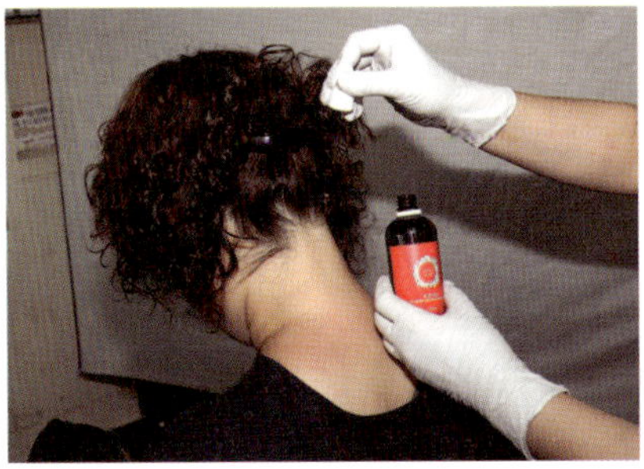
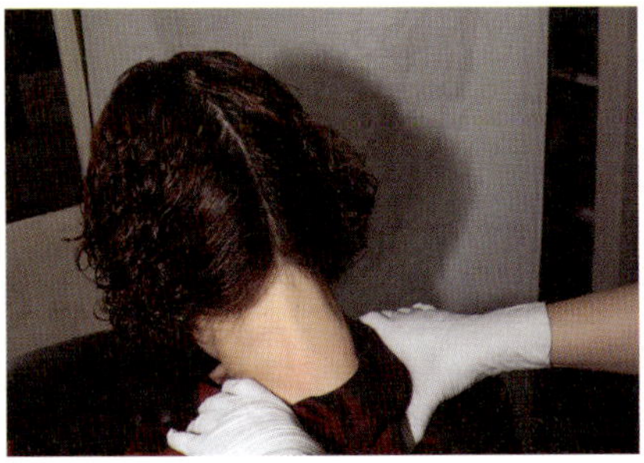

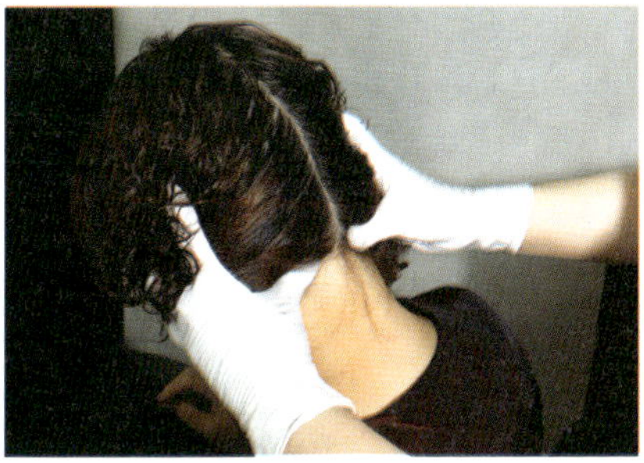

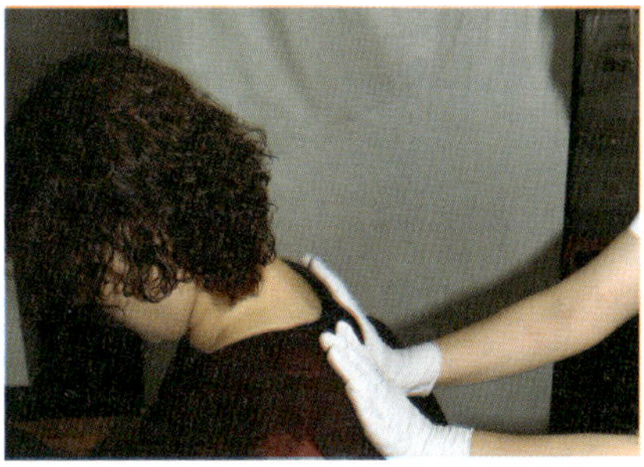

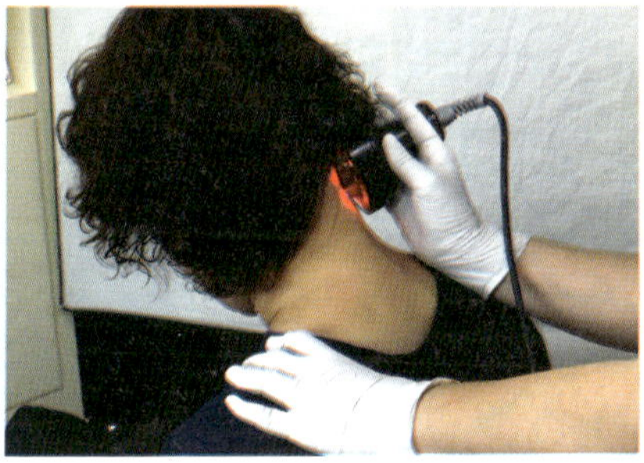

- 5단계 : 샴푸

두피 세정 효과, 항염, 가려움증 예방, 비듬 완화, 보습 및 영양 공급, 두피 활성화 촉진 및 재생

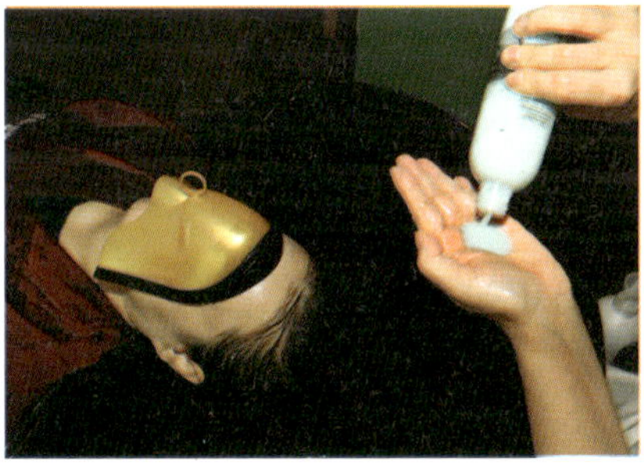

- 6단계 : 스캘프 마사지(갈바닉)

  영양성분의 흡수 증가, 두피 혈액순환 강화, 모근강화 및 육모효과

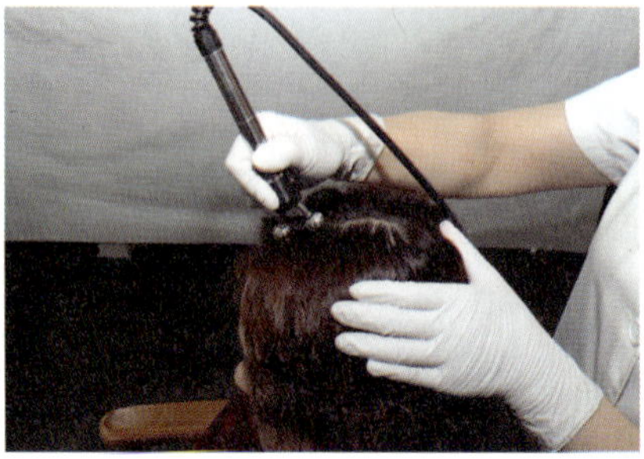

- 7단계 : 토닉

  영양성분의 흡수 증가, 모근강화 및 육모효과

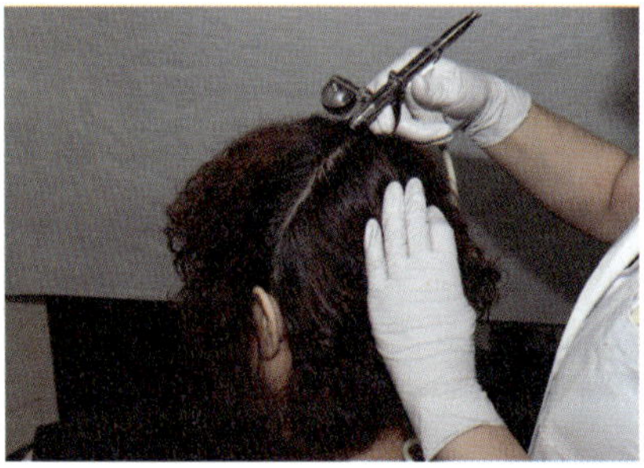

- 8단계 : 마무리

  고객이 원하는 스타일을 할 수 있도록 장소를 제공하거나 드라이로 간단한 마무리

4) 홈케어

두피 집중관리를 위한 홈케어의 중요성을 인식하고 고객에게 두피관리는 일시적으로 이루어지지 않는다는 것을 이해시켜야 한다. 관리기간의 효과를 높이기 위해 홈케어 제품 사용(샴푸, 토닉, 헤어팩 등)이 필요하다는 것을 인식시켜야 한다.

4. 탈모유형별 두피관리 프로그램

1) 남성형 탈모증

이 증상은 대부분이 남성이며 가끔 여성에게서도 볼 수 있지만 심하지 않다. 노화현상이라 할 수 있을 만큼 흔한 남성형 탈모증은 사춘기 이후 20대 중반에 많이 발생된다. 헤어 라인부터 점점 머리가 빠지기 시작하여 전두부에서 두정부에 걸쳐 전체적으로 탈모가 된다. 모발이 점점 가늘어지고 부드러워지는 연모화가 되며 두피에 전체적으로 기름기가 많다. 남성형 탈모증은 유전적 소인과 호르몬의 영향으로 발병하는 것으로 추정된다. 해밀턴은 안드로겐과 유전적 소인, 나이가 두피모발에 영향을 미친다고 하였다.

(1) 증상

① 20대 중반부터 발생

② 헤어라인부터 점점 후퇴

③ 전두부에서 두정부에 걸쳐 전체적인 탈모

④ 모발이 점점 가늘어지고 부드러워진다.

⑤ 두피에 기름기가 많아진다.

(2) 원인

① 유전

② 남성 호르몬

③ 스트레스

〈표 2-6〉 남성형탈모 관리 매뉴얼

남성형탈모 관리매뉴얼	관리시간	사용기기	관리 제품
1단계 : 두피 진단	5분	두피 측정기	
2단계 : 스티머	5분	스티머, 미스트	
3단계 : 스캘프 스케일링	10분	에어 브러시, 면봉 스틱	지루성 모발용 스케일링
4단계 : 헤어팩	5분	고주파	지루성 모발용 헤어팩
5단계 : 샴푸	10분	샴푸대	지루성 모발용 샴푸
6단계 : 스캘프 마사지	10분		
7단계 : 토닉	5분	이온토포레시스, 에어 브러시	지루성 모발용 토닉
8단계 : 마무리			

2) 여성형 탈모증

여성형 탈모증은 경모가 연모화 상태에서 멈추는 것이 특징이다. 여성은 탈모를 유발시키는 남성 호르몬인 안드로겐보다 여성호르몬인 에스트로겐을 많이 가지고 있기 때문에 남성처럼 완전한 대머리가 되지는 않는다. 그렇지만 여성호르몬이 남성호르몬의 기능을 억제해야 하는데 체내 호르몬의 균형이 깨지면 나타나게 된다. 특히 피임약과 심한 다이어트로 인해 증세가 나타날 수 있다. 또한 난소 기능의 저하나 폐경기를 넘어서면서 여성호르몬이 약해지고 남성호르몬이 강해지면 유전성 남성형 탈모의 증상이 나타나게 된다.

(1) 증상

① 20대 후반에서 40대 전후로 나타난다.

② 헤어라인은 잘 유지되면서 정수리 부분의 모발이 얇아지고 숱이 눈에 띄게 줄어든다.

(2) 원인

① 무리한 다이어트

② 과다한 피임약 복용

③ 출산

④ 폐경

⑤ 자궁절제술

〈표 2-7〉 여성형탈모 관리 매뉴얼

여성형탈모 관리매뉴얼	관리시간	사용기기	관리 제품
1단계 : 두피 진단	5분	두피 측정기	
2단계 : 스티머	5분	스티머, 미스트	
3단계 : 스캘프 스케일링	10분	에어 브러시, 면봉 스틱	건성 모발용 스케일링
4단계 : 헤어팩	5분	고주파	건성 모발용 헤어팩
5단계 : 샴푸	10분	샴푸대	건성 모발용 샴푸
6단계 : 스캘프 마사지	10분		
7단계 : 토닉	5분	이온토포레시스, 에어 브러시	건성 모발용 토닉
8단계 : 마무리			

3) 지루성 탈모

두피의 피지분비가 이상하게 많을 뿐 아니라 탈모가 촉진된다. 대체로 장년성 탈모인 사람에게 많이 나타나기 때문에 남성호르몬의 영향이 크나 여성에게도 간혹 발생한다. 두피가 지성이며 끈적끈적한 느낌으로 모발은 가늘어지고 부드러워지는 특징을 가지고 있다. 피지 분비를 항진시키는 식사를 피하고 남성호르몬 이외에 피지 분비를 촉진하는 요인으로 생각되는 교감신경의 긴장과 스트레스를 피하는 것이 좋다.

(1) 증상

① 염증 유발

② 비듬 증가

③ 가려움증이 동반되며 악취가 발생

④ 증상이 악화되면 지루성 피부염으로 이어짐

(2) 원인

① 곰팡이 과다 증식

② 유전, 체질

③ 심한 스트레스

④ 호르몬 이상

⑤ 신진대사 불균형

〈표 2-8〉 지루성 탈모 관리 매뉴얼

지루성 탈모 관리매뉴얼	관리시간	사용기기	관리 제품
1단계 : 두피 진단	5분	두피 측정기	
2단계 : 스티머	5분	스티머, 미스트	
3단계 : 스캘프 스케일링	10분	에어 브러시, 면봉 스틱	지루성 모발용 스케일링
4단계 : 헤어팩	5분	고주파	지루성 모발용 헤어팩
5단계 : 샴푸	10분	샴푸대	지루성 모발용 샴푸
6단계 : 스캘프 마사지	10분		
7단계 : 토닉	5분	이온토포레시스, 에어 브러시	지루성 모발용 토닉
8단계 : 마무리			

4) 원형 탈모

(1) 증상

① 특별한 자각증상이 없다.

② 소아에게 많이 발생한다.

③ 재발의 위험성이 높다.

④ 다발성 원형탈모는 전두탈모, 전신탈모로 악화될 위험성이 높다.

(2) 원인

① 유전

② 자가면역체계의 이상

③ 스트레스

〈표 2-9〉 원형 탈모 관리 매뉴얼

원형 탈모 관리매뉴얼	관리시간	사용기기	관리 제품
1단계 : 두피 진단	5분	두피 측정기	
2단계 : 스티머	5분	스티머, 미스트	
3단계 : 스캘프 스케일링	5분	에어 브러시, 면봉 스틱	건성 모발용 스케일링
4단계 : 헤어팩	5분	고주파	건성 모발용 헤어팩
5단계 : 샴푸	10분	샴푸대	건성 모발용 샴푸
6단계 : 스캘프 마사지	10분		
7단계 : 토닉	5분	이온토포레시스, 에어 브러시	건성 모발용 토닉
8단계 : 마무리			

5) 휴지기 탈모

(1) 증상

① 휴지기 모발이 많아진다.

② 어떠한 자극 후 1~4개월이 지나 모발이 빠진다.

③ 성장기간을 못 채우고 휴지기로 가는 모발이 많다.

(2) 원인

① 유행성 감기

② 독감, 감기몸살

③ 폐렴

④ 고열을 동반한 질병

⑤ 수술

⑥ 만성질환

⑦ 영양장애

⑧ 출산

〈표 2-10〉 휴지기 탈모 관리 매뉴얼

휴지기 탈모 관리매뉴얼	관리시간	사용기기	관리 제품
1단계 : 두피 진단	5분	두피 측정기	
2단계 : 스티머	5분	스티머, 미스트	
3단계 : 스캘프 스케일링	5분	에어 브러시, 면봉 스틱	건성 모발용 스케일링
4단계 : 헤어팩	5분	고주파	건성 모발용 헤어팩
5단계 : 샴푸	10분	샴푸대	건성 모발용 샴푸
6단계 : 스캘프 마사지	10분		
7단계 : 토닉	5분	이온토포레시스, 에어 브러시	건성 모발용 토닉
8단계 : 마무리			

CHAPTER

5 홈케어

전문관리 이외에 가정에서 스스로 관리하는 방법을 홈케어라고 한다. 홈케어는 식생활, 수면 등과 같은 라이프스타일을 바로잡아 주는 관리와 전문제품 사용을 들 수 있다. 전문적인 관리를 받았다 하더라도 다음 관리까지 홈케어를 소홀히 한다면 관리효과를 기대하기 어려울 것이다. 홈케어는 두피 집중관리의 효과를 높이고 나아가서는 두피 예방 및 개선에 꼭 필요하므로 두피관리사는 고객의 상태를 파악하고 홈케어가 잘 이루어질 수 있도록 조언해야 한다.

1. 샴푸의 종류와 사용량

매일 샴푸하는 사람이라면 특히 샴푸를 신중하게 선택해야 한다. 약산성이나 중성타입 등 마일드한 제품으로 두피를 닦아내는 느낌으로 샴푸하여 머리카락에 부담이 가지 않도록 하는 것이 좋다. 적당량의 샴푸를 손바닥에 덜어서 충분히 헹구어 낸 후 두피를 마사지하듯 문질러주고 샴푸를 한 번 더하고 가볍게 헹구어 주면 훨씬 좋은 효과를 얻을 수 있다. 두피 제품의 경우 대부분 거품을 낸 후 5~15분 정도 방치하여 노폐물 배출과 제품의 흡수를 돕는다.

(1) 샴푸 횟수

머리는 하루에 한 번 감는 것이 두피건강을 위해 좋다. 머리가 빠진다고 감지 않으면 두피에 노폐물이 축적되어 모근이 막히고 탈모가 생길 수 있다. 건성두피일 경우 너무 자주 감으면 두피의 기름기가 너무 제거되어 머리카락이 푸석해지고 두피가 더 건조해진다.

(2) 아침보다 저녁에 감기

머리에 묻은 헤어제품이나 하루 종일 밖에서 오염된 머리카락을 깨끗이 씻어내고 두피 속까지 깨끗이 말려야 머리카락이 손상되는 것을 막을 수 있다. 따라서 아침보다 저녁에 머리를 감는 것이 여유 있게 감고 충분히 헹구어 낼 수 있다.

(3) 미지근한 물로 여러 번 헹구기

샴푸하는 물이 온도는 미지근하게 느껴지는 37℃ 정도가 적당하다. 두피에 샴푸나 린스성분이 남아있으면 탈모 또는 비듬의 원인이 될 수 있다.

(4) 올바른 샴푸방법

① 모근부터 머릿속까지 미지근한 물을 충분히 적신다.

② 샴푸를 손바닥에 덜어 거품을 낸 후 손가락 지문으로 두피를 부드럽게 마사지한다.

③ 린스를 손바닥에 덜어 두피에 닿지 않도록 머리카락에 바른 후 여러 번 헹구어 낸다.

④ 마지막에 찬물로 마무리해서 혈액순환을 도와준다.

(5) 건강한 브러싱 방법

아침, 저녁으로 20~30번 빗질하면 두피가 건강해진다. 비듬이 있을 경우 강하게 빗질하지 말고, 모발이 젖은 상태에서는 머릿결이 손상되지 않도록 빗질에 주의해야 한다.

(6) 올바른 브러싱 순서

① 머리끝과 엉킨 부분을 풀어주면서 머리 위쪽으로 올려 빗는다.

② 긴 머리는 머리카락의 중간 부분을 잡고 모발끝을 정리해 준다.

③ 머리 중앙에서 양옆의 머릿결 방향으로 빗질한다.

④ 귀 뒤에서부터 목덜미 방향으로 천천히 빗는다.

⑤ 고개를 숙이고 목덜미부터 이마 방향으로 빗질한다.

⑥ 위의 동작을 20~30회 정도 반복하여 두피에 자극이 가지 않도록 부드럽게 빗질한다.

2. 탈모 예방 생활습관

① 올바른 식습관을 유지한다.

식습관은 모발에 큰 영향을 준다. 두피 속의 모세혈관을 통해 영양분이 공급되어야 모발이 잘 자라게 된다. 윤기 있는 머릿결을 유지하고 탈모를 예방하기 위해서는 해조류와 녹황색 채소, 검은콩 등 아미노산, 비타민, 미네랄이 많이 든 식품을 충분히 섭취해야 한다.

② 스트레스를 풀어준다.

스트레스가 쌓이면 혈액순환을 방해하여 탈모가 생기기 쉽다. 이는 혈액을 통해 영양분을 공급받는 모근에 영양분이 충분히 전달되지 않기 때문이다.

③ 정기적으로 두피마사지와 브러싱을 한다.

두피마사지와 브러싱은 혈액순환을 도와 탈모를 예방하는 데 효과적이다. 손가락 끝이나 브러싱을 이용하여 두피를 가볍게 자극하면 모근의 혈액순환과 신진대사가 원활해져 모발이 건강해진다.

④ 물을 많이 마신다.

탈모가 있는 두피는 열이 많아 수분이 부족한 경우이다. 하루에 2L 이상 물을 마시면 신진대사가 원활해지고 부족한 수분을 보충할 수 있다.

⑤ 가능한 한 자외선을 피한다.

자외선을 오랫동안 받으면 두피와 머리카락이 건조해져서 자극을 받게 된다. 두피가 약하거나 탈모가 있는 사람이 강한 자외선을 받으면 두피에 염증을 일으켜 탈모가 촉진될 수 있다.

⑥ 충분한 수면을 취하고 규칙적으로 운동한다.

몸이 피곤하면 탈모가 쉽게 올 수 있다. 충분한 수면과 규칙적인 운동은 몸의 혈액순환을 도와준다.

⑦ 스타일링제 사용은 자제한다.

스프레이, 젤, 무스 같은 헤어스타일링제를 과도하게 사용하면 모근을 막을 수 있다. 두피 표면에 스타일링제가 닿지 않도록 주의한다.

참고문헌

남궁석, 도해 식품학, 광문각출판사, 2001, 143쪽.

남예진, 탈모자의 샴푸 방치시간에 따른 발모제의 변화 연구, 건국대학교 산업대학원 석사학위논문, 2016.

다이어트넷 - 대한 지역사회 영양학회 식생활 정보센터(http://www.dietnet.or.kr)

류은주 외, Trichology level 3, 도서출판 트리콜로지, 2009.

문영숙 외, 모발과 두피관리 입문, 훈민사, 2008.

박상형, 모발이식 여부에 따른 탈모치료 만족도 조사, 창원대학교 보건대학원 석사학위논문, 2014.

이계숙 외, 피부미용사 필기, 훈민사, 2012.

이상원, 두피모발관리사 3급(1), 크라운출판사, 2007.

이상원, 두피모발관리사 2급(2), 크라운출판사, 2007.

이희경, 탈모증에 대한 통계학적 고찰 및 관리실태에 관한 연구, 숙명여자대학교 원격향장산업대학원 석사학위 논문, 2005.

정숙희 외, 트리콜로지스트 스토리북, 훈민사, 2008.

주금예 외, 살롱트리트먼트, 훈민사, 2010.

주금예 외, 동서양 아로마 및 림프드레나쥐, 훈민사, 2012.

현지원, 남성형 탈모증의 원인 및 발생 기전에 관한 고찰, 한국두피모발미용학회지, 제1권 제1호, 2005.